完全在宅1日1時間で
年間1億円稼いだ！
僕の成功法則

中川恭輔
Kyosuke Nakagawa

僕は今31歳です。
妻と娘の3人で暮らしています。
欲しいものは全て手に入れる事が出来て幸せな日々を送れています。
特に昔から思い入れが強かったのが車です。
BMWから始まり、ポルシェ、マセラティと
今は1年に1回のペースで乗り換えています。

マセラティは、フェラーリやランボルギーニと並ぶイタリアの高級車の1つですが、
フェラーリやランボルギーニより派手さがなく、落ち着いた雰囲気のデザインが気に入ってます。

仕事は会社を経営しています。

ですから、一応社長ですが社員はいませんし、会社に出社することもありません。

在宅でパソコン1台でお金を稼いでいます。


普段は、身軽にブラックカード1枚だけ持ち歩き、それでなんでも買っちゃいます。

周りからは謎に包まれた人だと思われているかもしれませんね。

こんな姿を見るとさぞかしエリート人生を送ってきたのだろうと思われるかもしれませんが、
そんなことはありません。

元々はどちらかというと何をやってもダメな人間だったと思います。

oomin

そんな僕でも今このような生活が出来るようになりました。

どういう状況の人であっても考え方を変えれば、どんな場所にだってたどり着くことができます。

一番大事なことは自分を信じる事。
たった一度の人生、自分がやりたい事をやって豊かな人生を送りませんか？

完全在宅1日1時間で
年間1億円稼いだ!
僕の成功法則

中川恭輔
Kyosuke Nakagawa

目次

第三章　ビジネス経験ゼロからのビジネスの始め方

第四章　年間１億稼ぐために必要な考え方

第五章　このままでは幸せになれない

第六章　中川流成功法則

はじめに

「楽して儲かる方法が世の中には存在する」

信じられないかもしれませんがこれが事実です。

現に僕自身、数年前まで毎日長時間働いていましたが、全くお金がありませんでした。でも今は家から一歩も出ず、１日１時間程度しか働いていないにもかかわらず、毎月１０００万円以上のお金が口座に入ってきています。

僕だけではありません。

僕がコンサルタントでお金の稼ぎ方を教えた人のなかにも、在宅で３００万円、４００万円と稼げるようになっている人がたくさんいます。

今回、本書をご覧頂いているあなたにも在宅でほとんど働かずに大金を稼いでいく方法をお伝えしていければと思っております。


申し遅れました。

初めまして。

株式会社ＫｅｅｐＲ:ｉｄ代表取締役の中川恭輔です。僕は今31歳です。２０１８年からインターネットビジネスを始め、現在はインターネットビジネスのコンサルティングやスクール運営もしています。

僕の1日の仕事は、起床後メールやＬＩＮＥの返信をして、ＹｏｕＴｕｂｅにアップする10分程度の動画を撮ることです。あとはたまに来るメールやＬＩＮＥに返答するぐらいです。全てあわせても1時間程度の作業です。

子供が起きてきたら、幼稚園が休みの日は一緒に遊びます。幼稚園の日は子供を送り届けた後、自分が好きなトレーニングをしたり、ゴロゴロとＹｏｕＴｕｂｅをみたり、妻とショッピングやランチに出かけたりします。

そんな大学生のような生活をしていますが、どこのお店に行っても値札を見ることなく何でも買うことができます。

妻や子供が欲しいものはなんでも買ってあげることができますし、僕自身が欲しいものも何でも買えます。

1回のディナーで10万円、20万円はざらです。先日、友人と飲みに行った後にふらっと立ち寄った六本木の時計屋では、見るだけのつもりで入りましたが、店員さんに勧められて４２０万円の時計を即決で買いました。愛車のマセラティも現金で一括購入しました。

こんな自己紹介をすると、

「才能があったからそうなれたんでしょ」

と思われがちですが、そんなことは全くありません。４年前までは全くお金もありませんでしたし、ビジネスについての知識も全くありませんでした。学歴もありません。

それどころか、学生時代の成績はほぼ赤点で、まともに勉強をした記憶がありません。

親がお金持ちだったわけでもなければ、コネがあったわけでもありません。

でもそんな僕でも今こうして、お金と時間の自由を手に入れることができました。


成功するために最も重要なことは行動力です。

ほとんどの人は「自分なんかには無理だ」と思ってそもそも行動しません。


東大の入学者数は３０００名。それに対して18歳人口が１２０万人とすると、東大生の割合は４００人に１人となります。４００人中の１人しか東大に合格できないというこのデータだけ見ると、東大に合格することは不可能に近いほどに難しいと感じてしまいます。でも、これは全員が本気で東大を目指して行動した結果の４００分の１ではないのです。

ほとんどの人が東大を目指して勉強した結果ではありません。「絶対に東大に合格してやる」と思って取り組んだ人が４００人中１人しかいなかったということです。

つまり、本気でなれると信じ行動して取り組むことができれば、実は難しそうと思われることであっても案外そうでもないことが多いのです。

とくにビジネスの世界は持って生まれた身体の大きさも関係ないですし、才能なんてものもほぼ関係ありません。

「やるか、やらないか」

ただそれだけです。

多くの人は、

「いつかあんな生活ができたらいいな」

「いつか子供の頃の夢を叶えられたらいいな」

「いつかお金持ちになれたらいいな」

いつか……。

そう思って一生を終えてしまう人がほとんどだと思います。

自分の夢を実現させることができる人は１％にも満たないそうです。

あなたは毎日どんな思いで生活していますか？

「毎日楽しくて仕方がない」

そう思って生きていますか？

「あー、今日も仕事か」

そんな気持ちで毎日過ごしていませんか？

なんとなく就職して、なんとなく上司に言われたことをして、なんとなく日々過ぎていって、そんな日々を送りながら、お金の悩みや人間関係の悩みを抱えていませんか?

あなたは、自分が生きたい人生、他人がこうあるべきだと決めた人生、どちらの人生を生きていますか?


人生は一度きり、あなたの人生です。

あなたが決めていいんです。

あなたが生きたい人生を生きてください。

あなたが決めて、行動を起こせば人生は変えることができます。

これで確実に人生が変わると僕は確信しています。

「行動する」

人生は選択、決断、行動の繰り返しです。

今までのあなたの行動の結果が「今のあなた」です。

もしも本書を読んでくださっているあなたがこれまでと違う人生を歩みたいと思われているのであれば、これまでと違う選択、決断、行動をする必要があります。今までやってきたことと真逆の行動をする必要があります。


もしもあなたが今の生活に少しでも悩んでいるのであれば、それは変わりたいサインです。人は「こうなりたい」と思うから悩むのであって、そういった願望がなければ悩まないのです。

そして、できるから悩むのです。

たとえば、月収30万円の人が家賃50万円の家に住むかどうかは悩みません。

それは、できないからです。

でも家賃10万円の家に住もうかどうかは迷います。

それは住めるから悩むのです。

つまり、もしあなたがお金を稼ぎたい、今の生活を変えたいと思っているのであれば、人生を変えられると思っているから悩んでいるのです。


だったらその思いを行動に移して現実にしませんか？

人は思っているだけでは、何も変わりません。

行動して初めて動き出します。


もちろん最初は不安も多いと思います。

僕もそうでした。

でも不安は単なる自分の幻想であって、現実に起こることはほぼありません。

本書では、知識も経験も人脈もお金も何もなかった僕が、パソコン1台で億を稼ぎ出した方法を皆さんにお伝えします。

もしもあなたが在宅で会社員以上のお金を稼げるようになれば、自分の好きな時間、好きなタイミングで仕事ができるようになります。

会社や上司に振り回されることもなくなります。

日々のストレスも軽減するでしょう。


社長になって、収入を5倍、10倍と増やしていければ、毎日遊んで暮らすこともできますし、僕のように好きなものを値札を見ずに買えるようになります。

「1クリックで稼げる」とか「寝ているだけで稼げる」みたいな、何もしないで儲かるというような話ではありません。でも「お金を稼ぐための仕組み」を知ることで、確実に「楽して儲ける」ということが可能になります。


本書を手に取っているあなたは、人生を変える最大のチャンスが今目の前に訪れています。

それでも「やっぱり自分には無理だ」と逃げますか？

それとも自由を手に入れる一歩を踏み出しますか？

決めるのは僕ではありません。

あなた自身です！

本書があなたの人生を変えるきっかけになれば嬉しく思います。
ぜひ最後までご覧頂ければ幸いです。

中川　恭輔

第一章　楽して儲かる方法は存在する

働き続けてお金がなかった日々

僕は大学卒業後、パーソナルトレーニングジムに就職して、トレーナーとして働いていました。ジム業界は、他に比べて拘束時間が長いわりに給料は低い業界です。朝7時には出社して23時までセッションをし、その後掃除などの後片付けをして帰宅するというルーティーンでしたので、自宅に着くのは24時を回っていました。

休みは週1回ですが、お客様の食事指導を毎日メールでやっていましたので、休みの日も食事サポートのメールのやり取りは行っていました。こういう業態ですのでもちろんゴールデンウィークや夏休みなどありません。

これで給料は手取りで20万円程度。それでもジム業界の中では、給料は高い方でした。ですので、大学を卒業したばかりの僕にとってそれほど不満な給料でもなく、朝7時〜23時まで働き週1回の休みであっても、普通に働くことができていました。

しかし、1年程度働いた時にふと、この生活がいつまで続くのだろうと思うようになりました。毎日朝から晩まで休みなく働き続けているのに全く給料が上がらないのです。

このままでいいのかと将来のことを考えるようになりました。

僕は元々お金持ちへのあこがれが強く、将来は絶対にお金持ちになりたかったのです。そして小さい頃からお金持ちになるにはたくさん勉強してたくさん働かないといけない、と思っていました。たくさん働かない人は怠け者で、その分お金もないと思っていました。

学生時代がそうでした。お金を持っている友達は週7回とかアルバイトをしてたくさん働いていました。僕はどちらかというとアルバイトは嫌いだったので、週2回程度しかやっておらず、それに比例してお金もあまり持っていませんでした。

当時の僕にはお金持ちになるにはもっと働くか、給料が高い仕事に転職するかしか思い浮かびませんでした。転職しようかなとか、週1回の休みの日にアルバイトをしようかなとか考えていました。

とにかく僕はお金を稼ぎたかったら働くしかないと思っていたのです。

そんなある日、僕の考えが180度変わる出来事がありました。

金持ちほど働いていない事実

当時勤めていたジムは、白金にある高額パーソナルトレーニングジムでした。お客様は経営者ばかりです。お医者さん、ＩＴ企業の社長さんや不動産会社の社長さんなど、超がつくほどのお金持ちばかりでした。そんなお金持ちの社長を数多く担当していた時、ある一人の不動産会社を経営していた方との会話で、考え方が一変しました。

ある日のことです。

僕は不動産会社の社長さんのパーソナルトレーナーとしてボディメイクを担当していました。その方は毎週2回朝11時頃トレーニングに来ていました。50分間のトレーニングでしたが、インターバルもありますのでプライベートな話もします。そんなある日僕がたずねました。

「〇〇さん、いつも筋トレ後にお仕事にいかれているんですか？」

すると、こんな答えが返ってきました。

「仕事？　行かないよ、従業員に任せてるから」

その時は何気なくそうなんだと思って、それほど深く考えていませんでした。

そして、次のトレーニングの時に僕はまた、

「〇〇さん今日はこのあとお仕事ですか？」

と聞きました。すると、

「仕事？　行かないよ。このあとはマッサージに行って、夕方から家族と食事をしてその後飲みに行くよ」

とおっしゃいました。

僕はその方の食事指導も行なっていましたので、毎日食べたものがメールで送られてきます。明らかに高そうな食事ばかり毎日送られてきますし、自宅は白金。しかもこんな高額パーソナルトレーニングジムに通っているぐらいですので、相当なお金持ちだということは認識していました。

それなのに毎回、

「このあと、何されるんですか？」

と聞くと答えは同じです。

ついに僕は、「○○さんっていつお仕事されているんですか？」と聞きました。

すると、「毎日遊んでるよ。仕事はほぼやってない」と言うのです。

僕はこの時に、気がつきました。

「働かなくてもお金が稼げる方法が世の中には存在する」と。

それから僕は「働かなくてもお金持ちになるにはどうすればよいのか？」を調べ始めました。まず、はじめに読んだ本は、ロバートキヨサキの有名な『金持ち父さん、貧乏父さん』という本です。この本に、まさに答えが書いてありました。

「貧乏な人はお金のために働く、お金持ちは自分のためにお金を働かせる」と。

毎日朝から晩まで働き詰めで、いつか給料が上がる日を待ち続けたり、もしくは、ダブルワークに手を出す。このような状態を『金持ち父さん、貧乏父さん』ではラットレースと呼んでいます。ラットレースとは、働いても働いても一向に資産がたまらないことです。イメージとしては、ハムスターが回し車を走り続けている感じです。走っても走っても、一向に進まないということです。

完全に当時の僕はこの状態でした。朝から晩まで必死に働いても一向に給料は増えない状態です。

そして何よりこの本で衝撃だったことが、超優秀な学歴もあるエリートのお父さんが将来的に貧乏になり、中卒で学歴がないお父さんがお金持ちになってしまうのです。

一体どうなっているんだ⁉ と、衝撃でした。

僕はそこからお金について興味を持つようになり、毎日勉強するようになりました。

そしてあることに気がつきました。

今まで教わってきたことは嘘だらけ

これまで学校の先生や親に「ちゃんと勉強をして良い大学に行って良い会社に就職しなさい」なんて言われ続けてきませんでしたか？

そして楽をしようとすれば、「楽はしてはいけない、辛いことから逃げるな」。

そんなことも言われた記憶はないでしょうか？


はっきり言います。

それは間違いです。今まで教わってきたことは嘘だったのです。


良い大学に行って良い会社に勤めても、お金と時間の自由を手に入れることはできません。もちろん目的が何なのかによっても変わってはくると思いますが、会社に縛られた人生で本当に最高の人生だと言えるのでしょうか？

確かに良い大学に行って、良い会社に勤めれば、世間的な評価は良いかもしれません。

しかし、あなたが本当に求めている所はそこなのでしょうか？

仮に有名企業に入社できたとして、何十年も勤めて上司にゴマを擦り続けようやく課長、部長のようなポジションに成り上がったとしても、所詮年収1000万円、2000万円の世界です。

確かに年収300万円の人からすれば夢のように思われるかもしれませんが、年収1000万円ぐらいの所得を得ても今までの生活とたいして変わりません。少し家賃の高い家に住んだり、高級店で食事ができたり、そのくらいはできるかもしれませんが、本当にそのくらいです。そのレベルであればちょっと所得が高い共働きの夫婦と何ら変わりません。

それに、人生で最も重要な「時間」は会社員では絶対に手にすることはできません。あなたがもし、明日から旅行にいきたいと思ったとします。そう思っても「明日から1週間旅行に行くので休みます」と言って会社を休むことはできません。このように会社員であるかぎり、お金と時間の自由を手に入れることはできないのです。

成功や幸せの定義は人それぞれですが、僕の成功と幸せの定義は「お金と時間の自由を手に入れる」ことです。お金と時間があれば、好きなことを好きなだけやることができます。お金だけあってもそれを使う時間がなければ意味がないですし、時間があってもお金がなければ何もできません。

お金と時間を手に入れることを目的とすれば「しっかりと勉強して良い大学に行って良い会社に勤める」という方法では、求めているものは手に入らないと思います。

そして学校教育というのは、とにかく「楽をしてはいけない、頑張ることが大事、結果は関係ない」。このような教えです。

「楽をするな！　もっと頑張りなさい！　結果が出なくてもこれまでの頑張りが大事よ！」なんてこと

を一度は言われたのではないでしょうか？

しかし、これは大間違いです。

こういう教育を小さい頃から刷り込まれることで、日本にはお金持ちが少ないのではないかと僕は思っています。


ちょっと考えてみてください。

「楽をしてはいけない、頑張ることが大事、結果は関係ない」

このように小さい頃から教えられているのに、実は社会に出たら真逆です。

会社で営業成績が悪い人は朝から晩まで誰より営業をしていても怒られます。でも、サボっていても1回の営業でバチっと決めてしまうことができる営業マンは結果を出しているので当然褒められます。

しまいには、ずっとサボっていても営業成績が良い人のことを「こいつを見習え」と上司は言ったりします。

つまり、社会に出ると結果が全てだということです。

その途中のプロセスは関係ありません。

僕のようにほぼ働かずに稼いでいる人は「もっとまともに働け」とか「怪しいことをやっているんじゃないか」と言われがちですが、社会に出ると結果が全てだということを理解しておいてください。

日本は資本主義ですからお金がある人が強いのです。

いくら頑張って働いても稼げなければそれはボランティアと同じです。

結果にフォーカスするという考え方が重要です。

とはいえ、やはりこれまでの学校や親の刷り込みがありますので、楽して稼ぐというようなフレーズには抵抗がある人が多いかもしれません。

しかし、楽をして稼ぐということは言い換えれば効率が良いということです。

逆に、苦労して結果が出ていない人は、効率が悪いと言い換えることができます。

効率のいい働き方をしてお金と自由な時間を手に入れる方が幸せだと僕は思います。

これまで受けてきた教育が全て正しいとは限りません。

少なくとも学校というのは国の指示に従う人を増やす教育です。

お金や自由な人生を送るための教育ではありません。

あなたがこれからお金と時間の自由を手に入れたいと思われるのであれば、これまでの常識と真逆のことをやっていく必要があるのです。

変えてみよう、行動してみよう

「今まで効率が悪い働き方をしていた。今の会社で働き続けても自分の理想の人生は歩めない」。そのように少しでも思った人がいれば、すぐに行動に移して変えていってください。

何を行動すればいいのか？

わからない人も多いと思いますが、なんでもいいんです。

とにかく何かしら動くことが大事です。

たとえば転職をするとか引っ越してみるとかそういったことでもいいと思います。

とはいえ「転職も転居も気軽にできるものではない」。

そう思っている人が多いのではないでしょうか？


なぜ多くの人はそのように思ってしまうのでしょうか？

それは小さい頃からの学校の先生や親からの刷り込みです。

「一度勤めた会社は長く勤めなさい、辞めるのはもったいない」

このように言われます。

確かに昔の人からすれば、間違っていないのかもしれません。

昔は定期昇給制度があり、長年勤めているだけで給料が上がる仕組みになっていました。だからあなたの親世代は「転職はもったいない、長く勤めなさい」と言うのです。

しかし、時代は変わってきています。今は実力主義になってきています。長年勤めている人よりも実力が高い人が昇格し、給料が上がる時代です。だったら自分に合わない会社は辞めてしまっても良いと思いませんか？

僕は、最初に勤めた会社がベストである可能性は限りなく低いと思っています。

どういうことかというと、たとえば初めて付き合った恋人と結婚するのがベストかというとそうではないのではないでしょうか？　いろいろな人と付き合って経験を得た上でベストの人と結婚するのが良いと思います。

家も同じです。一番初めに住んだ家がベストとは限りません。いろいろなところに住んでみて初めて、こういう家が良いとわかるはずです。

何事も経験は多い方が良いと僕は思っています。

仕事でも同じです。

ひとつの会社で毎日同じことを何十年もやるよりも、どんどん新しいことをやっていった方が圧倒的に成長もできますし、自分の理想にも近づけます。

ですから「ちょっと違うな」と思ったらすぐに辞めていいと僕は思います。

どんどん新しいことにチャレンジしましょう。

これまでどんな教育をあなたが受けてきたかはわかりませんが、あなたの人生です。
あなたが決めて、あなたが送りたい人生を送りましょう。

お金が増えない本当の理由

さて、毎日缶詰状態で働いていたにもかかわらず全くお金が増えなかった当時の僕。

その本当の理由は何だったのでしょうか？

それは働き方が間違っていたということです。

あなたは世の中には４種類の働き方があるということをご存知でしょうか？

４種類の働き方とは、一つ目がＥｍｐｌｏｙｅｅ（労働者）、二つ目がＳｅｌｆ　ｅｍｐｌｏｙｅｅ（自営業者）、三つ目がＢｕｓｉｎｅｓｓ　ｏｗｎｅｒ（ビジネスオーナー）、四つ目がＩｎｖｅｓｔｏｒ（投資家）です。それぞれ説明していきたいと思います。


一つ目の労働者は、いわゆる会社員です。

会社に雇用され、働いた分だけ給料をもらう、時間や労働力を切り売りする一般的な働き方です。日本国内において労働者の割合は87％と言われています。

労働者は毎月必ず一定の安定した収入が得られる代わりにどれだけ働いても大幅に収入が増えることはありません。また、働く場所や時間、休みなどの決定権は、勤務先の会社にあるため自由に働くことは難しいと言えます。

二つ目の自営業者は、自分で事業を行い自分で働いた分だけお金が得られるという働き方です。

たとえば、個人で美容院とか酒屋をやっている人は自営業者になります。

自営業者の特徴としては、一つ目の労働者と同じで時間や労力を切り売りして収入を得る働き方ですが、一つ目の労働者との違いは、会社に雇われているわけではないので、自分が働いた分だけ収入を得ることができます。

つまり、多く働けばそれに比例して収入が増えます。そして、労働時間や休日は自分で自由に決めることができます。

しかし、自分で全てを行いますので、一人で稼げる額には限界があります。

自営業者の働き方では一つ目の労働者同様、大きな収入を得ることは難しいと言えます。


三つ目はビジネスオーナーです。会社を所有していたり事業に出資して事業の権利を持っている人です。

ビジネスオーナーは人を雇い、雇った人が働いてくれることで収入を得ています。

たとえば、ラーメン屋を全国に100店舗経営している社長などはビジネスオーナーになります。

一つ目の労働者や二つ目の自営業者との大きな違いは、ビジネスオーナーは自身は現場では働かないという点です。つまり自分の時間や労働を切り売りして収入を得るわけではないということです。

こちらは、従業員やシステムが働いてくれることで自動的にお金が入ってきますので、大きな収入を得ることができます。

さらに、自分が現場で労働をするわけではないので、しっかりと仕組み作りができれば、自由な時間も得ることができます。

四つ目は投資家です。

投資家は将来価値が上がりそうなものにお金や資産を投資してそこから継続的に収入を得ている人です。

たとえば、不動産に投資をして、家賃収入で収入を得ているような人です。他にも株や債券などに投資をして収入を得ている人もいます。

投資家も大きな収入を得ることができ、休みや働き方も自分自身で決めることができるので、自由な時間を得ることもできます。

以上4種類の働き方を説明しましたが、この四つの働き方の中でどの働き方をするかで生涯年収が大きく変わります。

結論から言うと、あなたが将来お金と時間の自由を手に入れたければ、三つ目のビジネスオーナーか四つ目の投資家になるしかありません。

労働者と自営業者では、お金持ちになることはできません。

世の中の構成比は9割が労働者または自営業者だと言われています。

残りの1割がビジネスオーナーと投資家と言われていますが、実は、富の9割はビジネスオーナーと投資家が保有していると言われています。

つまり労働者と自営業者で残りの1割を分け合っているということです。

お金がなかった当時の僕は、これを知らずに毎日必死に働いて、なぜお金が増えないのだろうと思っていました。でもその理由が今ははっきりとわかります。労働者や自営業者は富のたった1割を世の中の9割の人たちと分け合っているからです。普通に考えてお金が増えるとは考えられません。

労働者の立場でどれだけ頑張って働いてもお金と時間の自由を手にすることは一生できない。お金がなかった当時の僕は、そのことを知りませんでした。

お金持ちになるために重要なことは知識です。

結局知っているか知らないかの違いなのです。

稼げる自分になるしかない

話を少し戻します。

当時、ジムのお客様が働かずにお金を稼いでいるという事実を知り、僕は自分で起業すればそのような生活を送れるかもしれない、と思うようになりました。

そして僕は会社を辞めて自分で起業しました。

先ほどもお話ししましたが、お金と時間の自由を手に入れるには、自分で事業を立ち上げてビジネスオーナーになるか投資家になるかしかありません。会社員でいる以上一生お金と時間の自由を手に入れることはできないのです。

お金と時間の自由を手に入れられないどころか、会社の規則に従い、上司の言うことを真面目に聞いて、安月給で我慢をしていても、会社の業績が悪くなれば、会社都合で解雇される時代です。

つまり、本当にあなたが自由に生活し、お金や時間のストレスを抱えたくないのであれば、稼げる自分になるしかないのです。

多くの人は、自分でビジネスをやるのは危険だとか怖いとか言いますが、自分で稼げるスキルを身につけておいたほうが将来的に安全だと僕は思います。

もしも明日会社が倒産すれば、あなたは生活ができなくなります。でも自分で会社の給料ぐらいの所得を稼げるスキルを身につけておけば、路頭に迷うことはありません。

多くの人は会社に勤めていることが安全だと思っていますが、そうでもないのです。


僕はまだジムで働いていた頃からその意識がありました。

当時の僕は、会社を信用していませんでした。自分の人生をその会社の社長に預けるということに日々恐怖を覚えていました。

なぜなら、もしもその社長が怠けて会社の業績が悪くなれば、自分が生活できなくなるわけです。家族がいれば家族全員路頭に迷うことになります。そう考えた時に、僕は他人に自分の人生、そして家族の人生を預けることはできないと思いました。

もちろん当時は自分でビジネスをやってうまくいく自信などありませんでした。でも自分が失敗して自分が苦しむならまだ良いですが、他人が怠けてそのせいで自分の人生が悪い方向に進むのは僕は嫌だったのです。

会社で勤めていた時は、これから先の人生がすごく不安でした。

多くの人は、会社を辞めたり、起業したりする時に不安を覚えると思います。逆に会社に勤めている間は毎月安定的に給料が入ってきますので、不安を覚える人は少ないはずです。

普通の人は、先が見えていることに対しては安心を覚え、先が見えないことに対しては不安を覚えます。ただ僕は全く逆でした。会社で勤めていた頃、先が見えてしまっていたからこそ毎日不安でした。

このままこれを続けていると、1年後、2年後、10年後一生貧乏なままだと思い不安でいっぱいでした。

でも会社を辞めたとたん不安が一気に希望に変わりました。これから月に１００万円でも１０００万円でも稼げるとワクワクし出しました。

これからは自分次第でどうにでもなれる。まとわりついていた足枷が一気に外れた気分でした。

会社を辞める覚悟を持って決断する

でも、先が見えないことに対してワクワクできる人って意外と少ないのかもしれません。

僕自身は会社を辞めて自分でビジネスを始めれば、お金と時間の自由を手に入れられるとワクワクしていました。だからなんの抵抗もなく会社を辞めることができたのですが、ほとんどの人はこれができません。

これまで数百名にビジネスを教えてきましたが、会社を辞めるという決断ができない人が多いのが事実です。今思うと僕は会社を辞めるのに一切抵抗がなく、すんなり決断できたことが今の成功につながっているのではないかと思います。

あなたが、これからお金と時間の自由を手に入れたいと思っているのであれば、覚悟をしっかりと持つ必要があります。本気で今の人生を変えるには、自分の人生を絶対に変えるという強い覚悟を持って決断をしてください。

本気の覚悟を持って本気で決断することができれば、その瞬間からあなたの人生は一気に変わります。

ただ、決断の意味をわかっていない人が多いので、ここで決断とは何なのかという話をします。

決断とは文字のとおり、何かを断って、決めて行動するということです。

ポイントは何かを断つというところです。

何かを手に入れたいと思ったら、何かを捨てないと手に入れることはできません。

たとえば、両手にあなたが大切なものを抱えているとします。

あなたの大切なものがスマホとパソコンだと仮定して、右手にスマホ、左手にパソコンを持って歩いている時に、道端に100万円の束が落ちていたとします。

もしもあなたがその100万円を手にしようとしたら、スマホかパソコンどちらかを手放さなければ、100万円を手に取ることはできません。

このようにあなたが何かを手にしたければ、何かを捨てなければ欲しいものを手にすることができないのです。

決断とは、「何かを断って、決めて行動する」ということです。ちゃんと決断ができているかどうかというのは、何かを増やすことではなく、今やっていることを辞める（断つ）ということができているのか?ということです。

たとえばお金と時間の自由を手にするために、起業することを決断する。

これは「大きな収入と自由な時間を得られる代わりに毎月の安定的な収入を捨てなければいけない」ということです。

この決断の重要性をしっかりと理解した上で物事に取り組んでいくことが非常に重要です。しっかりと決断をして覚悟が決まれば、あなたが思い描いている理想の人生が手に入ると思います。

あなたにも絶対にできる

とはいえ、こういう話をするとほとんどの人が
「私には起業なんてできっこない」

このように言います。

やったことがないのに最初からできないと決めつけて行動に移せない人が9割です。

それなのに「給料が少ない、休みが少ない」と会社の文句ばかりを言います。

「そんなに会社に不満があるなら起業すればいいじゃん」

そのように言うと
「そんな簡単にできない」

「そんなにうまくいくはずない」

「私には才能がないから」

そう言って、やる前から自分でできないと決めつけてしまっている人がほとんどです。

なぜやる前からできないと決めつけてしまうのでしょうか。

今の時代、インターネットやクラウドサービスの普及によって、起業ハードルはかなり下がっています。資金がなくても起業できる時代です。

僕はこんな時代に生まれて本当に恵まれていると思っています。

そして、こんな時代に生まれてきたことをチャンスだと思って起業しました。だからこの時代に生まれておきながら、起業しない起業できないというのは、とてももったいないなと思います。

勉強や仕事ができなかったとか、学歴がないとか全く関係ありません。それは僕自身が証明しています。

僕は学校の成績も良くありませんでしたし、学歴もありません。でも今こうやって起業してお金を稼げています。僕の周りの経営者にも有名大学を優秀な成績で卒業した人なんてほとんどいません。でもそういった人たちが成功できている理由は、「できない理由」を考えるのではなく、「できる理由」を考えて行動したからです。

とにかくどんなことでもできると思って行動しないとダメです。

ほとんどの人はこの思考が弱すぎます。

たとえば、好きな芸能人がいるとします。「もしもその芸能人と結婚できたら嬉しいですか？」と聞くとほとんどの人は「嬉しい」と答えると思います。

でも現実的に「じゃあどうやったら結婚できるのかな」と考えて行動する人はいないと思います。

しかし、成功する人はどうすればその人と結婚できるのだろうと考えます。まずはその芸能人と共演するために俳優になってみようかなとか、テレビ局で働いてみようかなとか、できる方法を考えます。

このように、できない理由を考えるのではなく、できる理由を考えることが成功するためには非常に重要です。

『思考は現実化する』という本がありますが、本当にそのとおりだと僕は思います。

思ったとおりに現実化します。

なぜ今僕がこのように在宅でほぼ働かずに億を稼げるようになったのかというと、そうなれる理由を考えて行動したからです。

能力の差ではありません。

だからあなたにも絶対にできます。

インターネットを使えば一人でも大企業と戦える

特に今はインターネットを使えば資金がなくても起業できる時代です。

ひと昔前は、起業する、自分でビジネスをするというのはハードルが高いものでした。しかし、インターネットの普及により、今は個人でも大企業に負けないぐらい大きなお金を稼げる時代になってきています。

今では、YouTuber、ブロガー、インスタグラマーなど、自分が好きなことを発信して、個人で年間数千万円、数億円稼いでいる人が山のようにいます。

会社を作るのだって、以前は株式会社を設立するには資本金が最低1000万円必要だったのが、今は資本金1円で設立できます。さらにインターネットを使ったビジネスであれば、初期費用0円、リスクゼロで始めることができます。

つまりお金がなくても個人でも自分がやりたいことをやってお金を稼げる時代が今ここにきているのです。

また、僕が良い時代に生まれたと一番実感しているのは、今はインターネットを使うことで個人でも大企業と戦えるようになったことです。

僕は最初パーソナルトレーニングジムを開業しました。

そこで気づいたことがあります。

それはこの分野では、個人で起業したところで大企業には勝てないということです。

パーソナルトレーニングジムでいうと一番の有名どころはライザップだと思います。では個人でライザップに対抗できるのかと考えた時、勝ち目はゼロです。

そこで僕は戦う土俵を変えました。

なぜリアルビジネスでは大手企業に勝てないのか説明します。

まず、店舗系のビジネスには固定費、人件費などの経費がかかります。その割に利益率は低いという特徴があります。利益を増やそうとすれば、それに比例して固定費や人件費などの経費も多くなります。

さらに店舗を増やすためには初期投資が必要になります。1店舗追加で作れば初期費用数百万円、もし利益を10倍にしたいと思ったら10店舗に増やすわけですから、東京都内ですと安く見積もって1店舗300万円、10店舗で3000万円かかります。

そしてこれだけの資金をかけても必ず売り上げが黒字になるという保証はどこにもありません。つまり、お金をかけることで多く稼げる可能性は生まれますが、大きな損害を被るリスクもあります。

店舗ビジネスは基本的に店舗を作る資金、従業員を雇う資金があって初めて大きな利益を生むことができるビジネスモデルです。大企業であればそもそも資本がありますし、信頼が高いので銀行から大きな資金を借りることができます。その資金を元に全国チェーンを展開したり従業員をたくさん雇って大きな利益を生むという仕組みなのです。資金が少ない個人では一気に店舗拡大をしていくことは難しいのです。

さらに広告費も桁が違います。

たとえば、ライザップはＣＭをたくさん流していますが、そのためにマスメディアや広告代理店に莫大な費用を支払っています。それによってたくさん問い合わせが来るわけです。でも資金がない人には同じようなことはできません。

つまり資金がない個人がいくら頑張っても、リアルビジネスでは資金力がある大企業と同じように売り上げを上げていくことは難しいのです。

しかし、インターネットを使えば、たった一人でも大企業と戦うことができます。

なぜインターネットを使えば大企業と戦うことができるのか、それを説明します。

まず、店舗ビジネスと真逆でインターネットを使ったビジネスは、固定費や人件費などの経費がほとんどかかりませんので、あなたのやる気次第でどれだけでも規模を拡大させることができます。

たとえば、全国に１００店舗ある洋服屋さんがあったとします。その企業にリアルで戦おうとすれば莫大な資金が必要になりますので、資金がない人はその時点で勝ち目はありません。

しかしインターネットを使えばどうでしょうか。

ホームページ一つ作るだけで全国の人に自分の商品を宣伝することができ、そこから購入して貰えば、日本全国の人をお客様として商品を販売していけるのです。もちろん従業員も必要ありませんし、店舗も必要ありませんので、固定費は何もかかりません。

これならどうでしょうか？　あなた次第では、100店舗あるお店にも勝てそうな気がしませんか？

しかも今はリアルの店舗に足を運んで購入するよりもインターネットで検索をして物を購入する人が圧倒的に増えていますので、そういった面からもインターネットを舞台として戦うのは非常に効果的です。

インターネットを使うことで店舗を作る初期費用や従業員を雇う資金がなくてもビジネスが成り立ちますし、むしろリアルビジネスよりも効率的でリスクもなく大きく稼ぐことが可能なのです。

このように、インターネットを使えば個人でも大手企業と同じ土俵で戦うことができるのです。

理想の生活をしたいなら

いかがでしょうか。

インターネットを使ったビジネスをすることで、資金がない人でも自分でビジネスを始められますし、リスクもなく大金を稼ぐことが可能です。

もちろんパソコン1台でできますので、家から一歩も出ずに在宅でやれます。

もしもそれで稼げるようになれば、面倒な会社に行く必要はなくなります。上司から怒られることもなければ、満員電車にも乗らなくてすみます。朝から眠い目をこすって起きなくてもよくなります。

あなたにもし夢があれば、その夢を叶えられる可能性も広がります。

たとえば、歌手になりたいとか自分のお店を持ちたいとかの夢があるのであれば、お金と時間の自由を手に入れることで、夢を叶えることに没頭もできます。

ここであなたに質問があります。

「あなたはなんのために働いていますか？」

ほとんどの人は、生活のためだと答えるのではないでしょうか？

では、「何のために生きているんですか？」

この質問に対しては言葉に詰まる人も多いかもしれませんが、ほとんどの人は実は、働くために生きています。なぜなら人は人生のほとんどの時間働いているからです。

つまり、多くの人は働くために生き、生きるために働く。

このような人生を歩み、死んでいきます。

もちろん今の仕事が好きで毎日楽しく生きている人はそのまま続けていって良いと思います。しかし、ほとんどの人はそうではないと思います。やりたくもない仕事を生きるために仕方なくやっているのではないでしょうか。

もしもお金の縛りが全て外れた時、あなたはどんな人生を歩みたいか考えてみてください。

今日口座に10億円あったら、明日今の会社に出社するかどうかです。

ほとんどの人は出社しないと言います。

もしも、高級マンションとボロアパートの家賃が一緒だったらどちらを選びますか？

10億円あっても今の仕事を続ける、高級マンションとボロアパートの家賃が同じでもボロアパートのほうが落ち着くからそっちがいい、そういう人は今のままで良いと思います。

でも多くの人は違います。

「10億円あるなら今の仕事はしない」「家賃が同じなら高級マンションを選ぶ」——そう言います。

つまり、お金がないから多くの人は自分が理想としている人生を歩めていないのです。

もしも、お金の縛りがなくなった時に、あなたはどんなところに住んで、どんな仕事をして、どんな人生を送りたいですか？

もしもそのあなたの理想の人生に、お金や時間が必要なのであれば、今すぐ行動してお金と時間の自由を手に入れましょう。

第二章

夢に見た時間とお金の自由を手に入れるまで

パーソナルトレーニングジムで起業を決意

２０１５年11月、僕は大学を卒業した後勤めていたパーソナルトレーニングジムを退職しました。当時パーソナルトレーニングはライザップがどんどん店舗展開している時で、ブーム真っ最中でした。

僕は子供の頃から将来社長になることが夢でしたので、入社当初からいつか起業したいと考えていました。しかし、ビジネスの知識も何もない僕でしたので、どのタイミングでどんな事業で起業するべきかを考えていました。

そう考えているうちにあっという間に数年がたち、気づけば25歳になっていました。その頃から本格的に独立を考え出しました。

当時僕がやっていたのは、マンツーマンでの筋トレ指導と毎日のメールでの食事サポートでした。トレーニング指導を行っていた部屋は10畳ぐらいの個室で、設備はパワーラックとダンベルなどの最低限の機材があるだけです。そこで週2回50分間のトレーニング指導と、メールで毎日食事の指導を行います。

これで、入会金を含めて会費は2ヶ月35万円です。

お客様は、多い時は僕の担当だけでも30名ぐらいはいたと思います。

他のトレーナーのお客様を合わせると、もちろんもっといます。

僕のお客様だけでもざっと計算して、１ヶ月当たりの売り上げは５２５万円です。経費は家賃、水道光熱費ぐらいしかかからないビジネスモデルですので、これならマンションの一室を借りてパワーラック、ダンベルだけ揃えれば自分でもできると思いました。

起業というと初期費用に数千万円、固定費も数百万円がかかるものだというイメージがありました。経費の高い飲食店やアパレル店などはとても一人では経営できないと思っていましたが、パーソナルトレーニングジムのビジネスモデルを知った時にこれなら僕でもできそうだと思いました。

初期費用がそんなにかからないし経費も少ない、そして何より2ヶ月35万円という金額でこれだけのお客様がいるということが驚きでした。

もちろん独立して同じ35万という金額でやれるとは思っていませんでしたが、仮に1ヶ月3万5千円でやったとしても30名で売り上げは、１０５万円です。当時の僕からすれば１００万円稼げるなんて夢のようでした。

まずは副業で週末にトレーニングジムをやってみようと思い立ちました。

インターネットでパーソナルトレーニングができる場所を探して、東京の駒込に家賃4万円で8畳ぐらいあるビルの一室の賃貸情報を見つけました。駒込は山手線ですし、8畳の広さがあって家賃4万円はとても魅力的でした。すぐに不動産会社に電話をして次の休みに契約に行きました。初期費用は20万円ぐらいだったと思います。

さらにトレーニングに最低限必要な機材をネットで探し、ダンベル、ベンチ、懸垂マシンなどを約

5万円で揃えました。ビジネスの初期費用としては、安すぎるぐらいです。
　これが自分で初めてビジネスをスタートした瞬間でした。

　ビジネスをスタートさせたとはいえ、この時はまだ会社を辞めてはいませんでしたので、平日は今までどおり勤めていたジムでトレーナーをし、週1回の休みの日に自分のジムをやるという感じです。友達や知り合いに声をかけたら、意外にもやりたいという人がいました。そこから3名のお客様が集まりました。

　たったの3名でしたが、自分のジムにお客様が来てくれるというのは、今でも忘れられないくらい嬉しいことでした。

　そうこうしているうちにその3名のお客様に、友達もやりたいと言っているので紹介したいと言われました。しかも一人ではなく数名を紹介できるという話です。

　とても嬉しかったのですがタイミングが悪いことに、この時期勤めていたジムで僕の担当のお客様が急に増え、休みの日も急に出勤しなければならない状況が続きました。自分のジムのトレーニングを組むことができず、せっかくいただいた紹介に対応できないだけでなく、元々の3名のお客様にもお休み頂くことになってしまいました。その間家賃だけが発生し、これではまずいと思いすぐに物件を解約し、ジムを閉じました。

　こうして最初に取り組んだジム経営は失敗に終わりました。

しかしこの副業によって、ジムを経営していける感触をつかむことができました。僕は会社を辞めることを決意し、仕事が一段落した後で退職しました。

そこからジムを再始動しようとしましたが、そのときは店舗を再び借りる資金がありませんでした。さらに以前のお客様が再開することなく、紹介したいというお客様の話も流れ、会社は辞めたものの客はゼロ、店舗もないという状態になってしまったのです。

とりあえずジムができる場所をなんとか確保しなければなりません。僕は当時、7畳のワンルームマンションに住んでいたのですが、ここでできないか?と考えました。

当然そこで生活をしていたのでテレビやソファー、机などがあり、決してお客様を呼んでトレーニングができるような場所ではありません。ただ、新たに場所を借りる資金もありませんでしたので、ここでやろうと決めました。幸運なことにベランダがある部屋でしたので、家具は捨てずにお客様が来る時だけ全ての家具をベランダに出し、トレーニング機材を並べ、トレーニングができる部屋を作っていました。

これでジムの運営はできる、あとはお客を集めさえすればひとまずどうにかなる。そう考えて知り合いなどに声をかけたところ、5名ぐらいは集まり、なんとか再始動することができました。

しかし、これもまた中断することになります。

当時、付き合っていた女性と結婚しようという話になり、彼女の両親に挨拶に行きました。しかしこれから結婚をする男性が収入不安定な仕事をしているのは、当然ながら良い印象はありません。これから事業を大きくしていくと説明しても、周囲は誰も賛成してくれません。毎日のように「ちゃんと会社に就職しなさい」と言われ続けました。

再就職3日で退職

基本的に僕は周りの言うことは聞かないタイプなのですが、就職しなければ結婚させてもらえないかもしれないという状況から、こればかりは仕方がないと再就職を試みました。いくつか面接に行って就職先が決まったのですが、今回はジムではなく不動産会社を選びました。

理由の一つは、元々勤めていたジムが同業他社への転職を禁止していたためです。自社のノウハウを盗まれたくないということで、入社時に契約をさせられていました。

もう一つは、僕は再就職を将来自分で事業をやるための通過点としか考えていませんでしたので、事業再開の資金ができるだけ早く貯まるような仕事を選んだのです。

それは不動産会社の投資マンション売買の営業でした。

元々勤めていたジムのお客様には経営者が多かったのですが、会社員でも経営者と変わらないぐらいお金を持っていそうなのは不動産会社に勤めている方々だったのです。

そのような理由から不動産会社を選択し無事に就職が決まったのですが、結局3日で退職しました。

僕は就職を決めた時からずっとモヤモヤしていました。

こんなことをしても自分の目的は何も達成できないし、僕が今やるべきことではない。それが分かってはいたのですが、ついつい周りの声に流されてしまいました。

でも会社員として働いてみると、やっぱり自分がやろうとしていたことは間違っていない、という思いが強くなってきました。

3日めの昼、僕が「辞めます」と言うと、「帰っていいよ」と社長。

誰にも相談せず、僕はこうしてあっさり会社を辞めてしまいました。

3日で会社を辞めた僕に、周りは「結婚して家族もできるんだから会社に勤めろ」「独身だったら自分の好きにしても良いけど、家族ができるんだから勝手なことはするな」と言ってきました。

でも僕は真逆だと思いました。

独身だったらお金がなくても良いし、毎日働きづめでも良いじゃないですか。自分が大変なだけですから。でも家族ができるから、家族がお金で苦しむことがないように稼がないといけないし、家族との時間も作らないといけない。

会社員として働いて、家族が何不自由なく生活できるお金が稼げるのか。家族といつでも遊べる時間を自由に作れるのか。それを考えた時に不可能だと思いました。

だったらやっぱり自分で起業するしかない。

そう思いました。


再就職した会社は3日間朝早くから夜遅くまで働いて、日給にしたら1万円にも満たない給料です。もちろんここを耐えて続けて、歩合を取っていけば給料も上がるでしょう。でも、将来どのくらい稼げるかは、その会社の上司を見ればわかります。僕は会社で周りを見た時に、ここでは僕が求めているものは手に入らないと思いました。それよりも自分で起業して、結果を出した方が良いと判断したのです。

本気で家族のことを思うなら、今すぐ辞めるべきだと思いました。

僕は妻や子供が欲しいというものは何でも買ってあげて、家族が旅行に行きたいと言えば、どこにでも連れていってあげられる、そんな家庭を作りたいと思っていました。そのためには起業をした方が良いと思いました。

僕は会社員として月に20万円、30万円を安定的にもらって毎日言われたことだけをこなし、家族に最低限の生活だけをさせる——そんな夫になりたくなかったのです。

でも周りは逆です。家族を幸せにしようと思って、何不自由ない生活をさせるために起業すると言えば、「何を考えているんだ」と怒られます。何も考えずに会社にとりあえず勤めて安定した給料をもらっていれば、「真面目なちゃんとした人ね」と褒められます。

正直納得できませんが、認めてもらうには結果を出すしかありませんでした。

全て上手くいく方法はたった一つ。起業して成功することです。

僕は全てを手に入れるために起業という選択をしました。人生最大の賭けに出たのです。

再始動

周囲の反対を押し切り、ここまで大胆なことをやった以上成功する以外道はありません。すぐに新しい事業に取りかかりました。

選んだのは前回と同じパーソナルトレーニングジムです。当時は起業や経営の知識がありませんでしたので、事業をするならばこれまでやってきたジムしかないと考えました。

そうはいってもジムをやる場所もなければ、場所を借りる資金もありません。

当時すでに妻と住んでいましたので、さすがに以前のように家を使うことはできません。しかしパーソナルトレーニングジムをやる以上場所がないと成り立ちません。何か良い方法はないかとネットでいろいろ調べて、レンタルジムというものを見つけました。他社のパーソナルジムの空き時間に、1時間2千円で設備を貸し出しているジムがあったのです。

これだ！と思いました。

これであれば自分のジムを持たなくてもトレーニング指導ができます。事業を開始するため、すぐに契約をしました。

肝心なのは、どうやってお客を集めるかという点です。なんとかお客を集めて最低でも会社員ぐらいの給料を稼がなければ、ただのクズと烙印を押されて終わります。

当時僕にはマーケティングのスキルは何もありませんでした。追い詰められた僕がやったのは、渋谷のスクランブル交差点に行って1日中声をかけ続けることでした。

丸一日、何百人に声をかけてもほとんど無視されます。

でも僕はこれをやるしかありませんでした。

一人で渋谷のスクランブル交差点で朝から晩まで無視され続ける中、それでも声をかけ続けるのは正直辛いものでした。1日中声をかけ続けて、立ち止まって話を聞いてくれる人は1人か2人です。それでも他に手段のない僕は、それを約1ヶ月やり続けました。そしてやっとその中から2、3人、お客様になってくれる人が現れました。

しかし無作為に声をかけ続ける集客はさすがに効率が悪すぎます。何か他に手法がないかと考えて、次にやったのがダイエットや筋トレをやりたい人がすでに集まっているところに行ってアプローチする手法です。

ネットで交流会、たとえばダイエットランチ会を検索すると、千円くらいの会費で参加できるイベントが見つかります。ここには元々ダイエットや健康に興味を持っている人が集まっているので、ここで声をかけてお客を見つけるという戦略です。

この方法もそれほど人が集まるわけではないのですが、渋谷のスクランブル交差点で片っ端から声をかけるよりは圧倒的に効率的でした。

こういった地道な努力を重ねた結果、数ヶ月後にはお客様は十数人まで増え、代々木に自分のジムをオープンすることができました。

インターネットマーケティングを知る

これまでの集客は完全に気合いだけでやっていましたが、さすがにこの方法では限界があると思うようになりました。

最初の頃はお客様もいなかったので、集客にいろいろなところに出向くことができましたが、お客様が増えるとトレーニング指導の時間を確保しなければならないので、それが難しくなってきたのです。

そこで自分が動かなくても集客ができる仕組みを作らなければいけないと思いました。僕はこれまでパソコンはほとんど使ったことがなく、正直インターネットのことは何もわかりませんでした。

しかし、たまたまジムのお客様にアプリの開発などをしているネットに詳しい人がいて、その人が無料で簡単にホームページを作れるサイトを教えてくれました。すぐにそのサイトにアクセスし、手順にそって自分でホームページを作ってみました。

自分でホームページが作れるなんて当時は夢にも思っていませんでしたが、やってみると案外簡単でした。テンプレートがすでに用意されており、文章や画像を差し替えるだけでわりと良い感じのホームページができるのです。

パソコンができない僕にとっては上できのホームページができました。

そこからいつ問い合わせが来るかなとワクワクしていました。

しかし、何日たっても1件も問い合わせがないのです。

それどころかアクセス解析をすると、1件もアクセスがありませんでした。

なぜだろうといろいろネットで調べ、SEO対策が重要だという記事を見つけました。SEO対策とは検索エンジン最適化とも呼ばれます。検索をされた時に自社サイトを検索上位に表示させる対策のことです。

たとえば、あなたがパーソナルトレーニングジムを探す時には、「パーソナルトレーニング　地域名」などで検索すると思います。この時、1ページ目か2ページ目ぐらいまでを見て決めてしまうのではないでしょうか？　10ページ目、20ページ目までは見ないと思います。

つまり検索された時に1ページ目や2ページ目ぐらいまでに表示されるサイトでなければ誰にも見てもらえないのです。

これを知った僕は自分のホームページを検索トップに表示させるためにSEOについて勉強し、代理店に依頼して上位に表示されるための対策を行いました。その結果、「パーソナルトレーニング　東京」「パーソナルジム　東京」で検索をすると僕のホームページが検索1ページ目に表示されるようになったのです。

ここからこれまで全くアクセスがなかったホームページに嘘のように問い合わせがどんどん来るようになりました。対策をして1ページ目に表示されるようになってから3ヶ月ほどで月の売り上げも100万円を超えるまでに成長しました。

インターネットビジネスへの挑戦

売り上げ１００万円のうち固定費は家賃ぐらいでしたので、利益は約８割でした。普通に会社員として働くよりも十分に稼げていたと思います。

しかし、僕はこれで満足できませんでした。月に１００万円程度であれば、３日で辞めた不動産の会社に勤めていてもそのくらいは稼げたと思います。でも僕があの時に辞めた理由は、月に１００万円じゃ満足できないし、家族を幸せにもできないと思ったからです。あの時会社を辞めることに反対し、僕の起業を認めようとしなかった人達を見返すには、この程度では全く話にならないと思いました。


そこで、さらに売り上げを上げる方法はないかと考えるようになりました。

目標は月１０００万円です。


まず最初にジムで月に１０００万円稼ぐ方法を考えてみました。

今は１店舗、トレーナーは僕１人で１００万円の売り上げですから、単純に10店舗にすれば１０００万円稼ぐことができることになります。

しかし店舗系のビジネスには固定費、人件費などの経費がかかります。新しく店舗を増やす場合の利益を考えると、毎月売り上げが１店舗あたり１００万円でも従業員１名の人件費が20万円、店舗の家賃光熱費が20万円、これに広告費10万円として、利益は50万円です。利益を増やそうとすれば、それに比例して固定費や人件費などの経費も多くなるのです。

さらに初期費用の問題もあります。1店舗あたり東京都内であれば契約金、内装、設備費など安く見積もって300万円はかかります。10店舗であれば3000万円です。元々その資金がありませんし、もし銀行にそれだけの融資をしてもらったとしても、必ず売り上げが黒字になる保証はどこにもありません。集客がうまくいかなければ大きな借金を抱えます。

実際10店舗以上展開して成功しているトレーニングジムは、ほとんどが資金力がある大きな会社でした。個人で経営しているジムで、何十店舗も展開しているところはありませんでした。これを見た時に、トレーニングジム業界で1000万円以上稼ぐのは現実的ではないと思いました。

そうであれば違う業種に切り替えるしかありません。

僕はトレーニングジムを経営しながら仕事の合間に、資金がなくても月に1000万円以上稼げるビジネスモデルを調べました。本屋に行っていろいろ本を読んだり、ネットで調べたりと、とにかくリサーチをしました。

情報収集を繰り返した結果、僕が目をつけたのはインターネットビジネスでした。

何年か前に20代でパソコン1台で数千万円、数億円を稼ぐネオヒルズ族という若者が増えているという話を聞いたことがありました。そしてYouTubeを見ると、若くしてパソコン1台で億単位の金額を稼いでいる人がたくさんいました。

僕はインターネットビジネスに取り組む決意をしました。

とはいえ何からやれば良いのかわかりません。

ＹｏｕＴｕｂｅを探していると、ネットビジネス初心者は、まず転売から取り組むのが良いという情報を見つけました。

僕はインターネットを使った転売は今までも何度かやっていました。

始まりは学生時代にオークションでいらない服を売ることででした。ヤフオクで中古のブランド品の服を安く買い、何度か着たら同じ値段で売る――それを繰り返していました。

社会人になってからも何度かネット転売に挑戦したことはありました。勤めていたジムを辞めた時に何かお金になるものはないかと思い、家にある不要品をかき集めてヤフオクに1円出品したところ、合計で15万円ぐらいになりました。これによって、ものが売れるという感覚を掴みました。しかし、さすがに、売るものがなくなり、今度は実際に仕入れをして、販売をしようと思いました。とはいえ、何を仕入れればいいのかわからないので、とりあえず、ネットで転売について調べてみました。すると、アマゾンでおもちゃを転売すると儲かるというような記事を見つけました。すぐにスターウォーズのおもちゃを仕入れて、アマゾンで販売をしてみたのですが、売れる事はなく結局在庫だけを抱えてしまいました。そこですぐに断念し次はメルカリを使った転売を始めました。

当時アマゾンの値崩れ商品を仕入れてメルカリで売るという手法がネットで公開されており、僕もネット情報をもとに実践しました。何個かは売れたりもしたのですが、利益が５００円とかでした。

これでは全くダメだと思いこちらも断念。その後も様々な転売に挑戦したものの全て上手くいきませんでした。

ですからネット転売ビジネスに対する不安はありましたが、月に1000万円稼ぐという目標を達成するためにはこの方法しかありません。以前は独学で何も考えずにやっていましたが、正しいやり方を学んで実践すれば成功できるかもしれないと考えました。

そこでネットビジネスで成功している人に直接学ぶことにしました。

いろいろな人がいる中で、20代で1億円を稼いだという人に興味を持ち、その人のコンサルティングを受講しました。

このコンサルティングではSNSを使ったマーケティング方法について学びました。ネットマーケティングはどの業種でも使える手法ですので、かなり僕のビジネススキルのレベルアップになりました。

しかしここで教わったことで最も大切なのは「稼ぐための仕組み」をつくることでした。

当時教わった稼ぐためのステップは次のとおりです。

1. 転売で実績を作る

2. 教育者側に回る

たとえば転売で数万円～数十万円を稼いだら、その手法に関する情報をコンサルティングとして教えるというものです。自分で転売の作業をするだけでなく、教育者側に回ることで収入が一気に増えるのです。

これについては僕もトレーナー時代に実感していました。ジムのお客様はみなさん「痩せたい」「筋肉をつけたい」などの願望を持っておられます。わざわざジムに来なくてもダイエットも筋トレも自宅でできそうなものですが、高いお金を払って「痩せる方法」を指導してもらおうとします。世の中の人は「成功のための手法」を求めている。それに大きな価値がつくのです。

ネットビジネスの基礎を学び、ジム経営の隙間時間を使って本格的にネットビジネスを始めました。まずはこの「稼ぐ仕組み」を徹底的にモデリングしようとしました。

しかし、思っているほど現実は甘くはありません。

その時にやっていたカメラ転売の手法は、ヤフオクで中古の一眼レフカメラをレンズとボディをバラバラで買い、それを一式にしてメルカリで利益を乗せて売るというものでした。これで数万円は稼げたのですが、それ以上あまり利益が伸びません。

1ステップ目の転売で実績を作るところがクリアできないので、次に進めないのです。

何か利益の出やすい転売手法はないものかと探しているときに、同じコンサルを受けていた人のなかに、転売でなんと月に100万円以上利益を出している主婦の方がいました。

その人が取り組んでいたものがＢＵＹＭＡ（バイマ）というショッピングサイトを使った無在庫転売でした。

僕は以前バイマ転売にも取り組んだ経験がありました。しかしその当時は全く稼ぐことができずに辞めてしまいました。でもいろいろ勉強した結果、次のようにバイマには稼げる可能性がそろっていることがわかりました。

1. バイマ自体がビジネスモデル的に大きな利益が見込める
2. 無在庫転売でできるのでリスクがない
3. 知り合いにすでにバイマで稼いでいる人がいる
4. コンサル販売に関して、バイマの発信をしている強いライバルがいない

これならば僕はやらない手はないと思いました。

月１０００万円が現実に

そして、コンサルティングを受講し始めてから数ヶ月後、今度は主婦の方にバイマを教わり、バイマ転売をスタートさせました。そしてバイマ転売をやりながら、これまで教わってきたインターネットマーケティングの技術を使い、コンテンツ販売も始めました。

バイマ転売の手法を学ぶことで転売による利益も上がるようになり、さらにこの手法を教えるバイマ転売コンサルティング、そして今まで学んできたネットマーケティングのコンサルティングの販売を開始しました。

お客様一人一人の目的に合わせてプログラム内容は様々で、東京近辺の方は毎週直接一対一の対面で、遠方の方は通話で一から教えていました。

これが上手くいき、バイマを始めて半年後には月４００万円以上稼げるようになりました。そして憧れのポルシェを購入しタワーマンションにも引っ越すことができたのです。

しかし、バイマ転売、コンテンツ販売のためのマーケティング、そして実際のコンサルタントなど、僕はひたすら自分で全てをこなしてきましたが、この時点で手一杯になってしまいました。このままでは目標の１０００万円には程遠い状態です。月１０００万円を稼ぐには、稼ぐための仕組みづくりをする必要があると考えました。

自分だけが動いていてはこれ以上は稼げません。そこで僕はこれまで自分でやっていたバイマのコンサルの指導や営業、バイマアカウントの運用など、ほとんどの作業を外注化しました。そして、僕は管理をする立場として外注先への指示を行い、コンテンツやサポートの充実度を高めることに専念したのです。

コンテンツが充実することで売り上げがどんどん伸び、作業を外注化するようになってから半年後には月1000万円という目標を達成することができたのです。

それと同時に自分の自由な時間もどんどん増えていきました。

このようにして、僕は1日1時間の作業で月に数千万円が口座に入ってくる夢のような生活を手に入れました。この夢のような生活を手に入れることができたのは、自動的にお金が入ってくる仕組みを作ることができたからなのです。

第三章

ビジネス経験ゼロからのビジネスの始め方

ビジネスとは何か？

この章では、実際にあなたがお金を稼いでいくための具体的な方法を解説します。

まず、ビジネスとは何なのかという話をします。

ビジネスとは簡単にいうと「お悩み解決」です。

人の悩みを解決することができればお金がもらえます。


たとえば僕がやっていたパーソナルトレーニングジムには、痩せたいと悩んでいる人や筋肉を付けたいと悩んでいる人がお客様としてやってきました。そのお客様の悩みをトレーニング指導や食事指導で解決してあげることでお金がもらえます。飲食店ならば、お腹が減ったという悩みを食事を提供することで解決してお金をもらっています。

このようにビジネスとは人の悩み解決です。

世の中には様々な悩みを持っている人がたくさんいます。

健康、美容、恋愛、結婚、お金など、悩みの数は計り知れません。

逆にいえばその分だけビジネスがあるということです。


また、お悩み解決のほかにもう一つビジネスになるものがあります。

それは、「面倒くさいことをやってあげる」というものです。たとえば掃除をするとか、家事をするとかを、面倒でやりたくないと思っている人も多くいます。

このような面倒くさいことを代わりにやってあげればお金をもらうことができます。掃除であればダスキンなどのハウスクリーニング業、家事だと家政婦さんなどです。

このように人の悩みを解決してあげることや、人が面倒くさいと思うことをやってあげることがビジネスになるのです。

学校の勉強よりもビジネスの方が簡単!?

とはいえ「自分なんかにできるかな」と不安な人も多いと思います。

不安に思っているあなたに伝えたいことがあります。

それはこれまで学校でやってきた勉強よりもビジネスでお金を稼ぐ方が簡単だということです。これは僕の経験からそのように思います。

多くの人はビジネスをすごく難しいことだと思い込んでいます。

ビジネスで成功してお金を稼いでいる人が少ないからそう思うのでしょう。でもそれは実際にビジネスに取り組んでいる人が少ないだけで、やっていること自体は難しくはありません。

学校の勉強は義務教育で教わるので、字を書くことや計算ができるようになります。でもビジネスは誰も教えてくれないのでやり方がわかりません。やり方がわからないのでビジネスを始める人も少なく、やる人が少ないので成功している人も少ないのです。その結果、みなさんビジネスに対してやたらと難しいイメージを持ってしまっているのだと思います。

でもビジネスにも難しいところはあります。

ビジネスは勉強と違って、黙っていても先生が教えてくれるものではありません。

自ら勉強して実践していく必要があります。

僕の経験からすれば、やっていること自体は学校の勉強よりもはるかに簡単です。ただ、学校の勉強よりも難しいのは、情報を得るために行動しなければいけないことです。自ら情報を得るために行動していかなければビジネスはダメなのです。

これができれば誰でもビジネスでお金を稼ぐことは可能です。しかしほとんどの人はこれができません。それはこれまでの学校教育が頭に染みついているからです。

学校では先生が勉強を教えてくれるので、教えてもらった情報を覚えて、やり方を習得すればうまくいったと思います。教えてもらった方法で勉強すればテストで100点が取れます。

でも社会に出ればお金の稼ぎ方は誰も教えてくれません。

ビジネスで成功するためには自ら行動し、お金を稼ぐための情報を取りに行くという作業が必要なのです。

お金を払ってでも情報を得る重要性

ここで覚えておいてもらいたいことがあります。

それは、社会に出たら無料で情報は教えてもらえないということです。義務教育ではあなたがわからないことがあれば無料で教えてくれました。しかしそれは義務教育までの話です。社会人になって、あなたがビジネスやお金の勉強をしたいと思うならば、お金を払って積極的に学びに行ったり情報を取りに行く姿勢が大事になります。

学びにお金を払うことに抵抗がある人も多いかもしれません。でも大学に行くことは、4年間で数百万円ものお金を学びに支払うことです。実は今までも自分の将来のためにお金を払ってきたにもかかわらず、社会に出るとそれをやらない人がほとんどなのです。

でも、もしあなたがこれからお金持ちになりたいと思うのであれば、学びにお金を使うことは必須だと考えます。高収入を得ている人は自己投資をしてきている人ばかりです。

たとえば一般的に年収が高いと言われる医師や弁護士は、そこに到達するまでに自己投資をしてきています。医師は私立の医学部であれば4000万円程度の学費を支払っていますし、6年間という時間も投資をしています。

そう考えれば何も投資をしていない人よりも年収が高いのは当たり前の話です。この世の中の仕組みを理解した上で、ビジネスで稼いでいくための自己投資をする必要があるのです。

無料でビジネスを教えてもらえたり、情報が転がってくるほど社会は甘くはありません。しかし、お金をしっかり払ってでもより良い情報を取りにいくつもりでビジネスに取り組めば大きな結果を得ることができると思います。

なぜなら情報さえ得ることができれば、ビジネスはこれまでやってきた学校の勉強よりもはるかに簡単だからです。

結局ビジネスで成功できる人とできない人の違いは、稼ぎ方を知っているか知らないかの違いです。

わかりやすい例でお話しします。

大きな木が何十本もあるとします。

その木を1本切り倒せば1万円もらえるアルバイトがあって、何も知識がないA君と知識が豊富なB君がいたとします。

知識のないA君はノコギリを買ってきて毎日必死に木を切っています。1本切り倒すのに丸1日かかりました。

しかしB君は1日に何本も切り倒しています。知識が豊富なB君は電動ノコギリを使ってどんどん切り倒していきます。

結果的にA君とB君が1日で木を切り倒せた数には大きな差が生まれました。

では、このA君とB君の違いはなんだったのでしょうか？

理由は一つだけ。電動ノコギリという存在を知っていたかどうかの知識の差です。知識があるかないかだけで、これほどにも稼げる金額も労力も変わってくるのです。

あなたがビジネスで成功したいと思っているなら「お金を使ってでも情報を得る」という意識を持って、知識を得るために積極的に行動していく必要があるのです。

どのようなビジネスをやるべきか？

では、具体的にどのようなビジネスをやっていくべきなのでしょうか。

いきなり会社を辞めてビジネスに取り組むのはなかなか厳しいものがあると思いますので、まずは副業として取り組む上で、初心者がしっかり利益を出すためのポイントを紹介します。


一つ目に、リスクがないものをやることです。

世の中にはリスクがあるビジネスとリスクがないビジネスが存在します。

ビジネス初心者はリスクがないものを選ぶのがおすすめです。


リスクがないものとは上手くいかなかった時にも損害がほとんどないものです。

初期費用がかからないもの、個人でできるもの、そして在庫リスクがないものです。

初期費用がかからずに人を雇う必要もなく在庫も抱えないビジネスであれば、万が一うまくいかなかったとしても金銭的損害はゼロです。最初の頃はまだビジネスの知識も少なく、失敗する可能性も大きいので、ビジネス初心者はリスクがないビジネスに取り組むのが良いでしょう。


具体例を出してリスクについて説明します。

たとえば、あなたが雑貨を作るのが趣味だとします。副業でその雑貨を販売するためお店を出すとします。するとまず雑貨を販売する店舗を借りなければいけませんので敷金、礼金が必要になります。店を整えるための内装費も初期費用として必要です。

売り上げが出る前にすでにマイナスからのスタートです。もしも初期費用に100万円かかったとしたら、100万円の利益が出て、そこでようやくゼロに戻ります。ビジネスを始めたばかりの頃は利益を出すのが大変です。利益がプラスになるという保証もありません。初期費用が大きくかかるものは避けた方がよいと思います。

また、在庫のリスクがあるものも避けるべきです。

仮に雑貨を売るのに1個1万円の物を50個仕入れたとします。すると仕入れた時点で50万円のマイナスです。1個1万5千円で販売をし、50個売れれば25万円の利益になりますが、万一10個しか売れなかったら35万円のマイナスです。

さらに在庫を抱えるビジネスは在庫を保管する場所を別に借りたり、在庫を管理するアルバイトを雇う費用が発生することもあります。

ビジネス初心者は、初期費用がかからずに、個人でやれて、在庫リスクがないビジネスをやるのが良いのです。

二つ目に利益が大きく狙えるビジネスをやることです。

いくら初期費用がかからずリスクがないビジネスであっても、稼げなければ本末転倒です。たとえばあなたが月30万円稼ごうと思っているのに、どんなに頑張っても30万円稼げないビジネスモデルであれば目的は達成できません。しっかり稼げるビジネスモデルであるかどうかリサーチして、少ない作業で大きな利益が見込めるものをやるべきなのです。

同じ金額を稼ぐとしても稼ぎ方には様々なパターンがあります。

ビジネスはいくらの物を何個売ったかだけの話ですので、1万円のものを100個売って100万円稼ぐパターンもあれば、100万円のものを1個売って100万円稼ぐパターンもあります。

同じ100万円を稼ぐのにもいろいろなパターンがあるのです。

またいくらで仕入れていくらで売るかという利益率も、扱う商品によって様々です。たとえば仕入れが10万円で利益率が10％であれば、10万円の資金を使って1万円の利益です。これが10万円で仕入れて利益率が20％であれば、10万円の資金で利益が2万円です。10個売れた時には、利益率が10％違えば利益は10万円と20万円の大きな差になります。

利益率が少し違うだけでも同じ労力で稼げる金額が大きく違ってくるのです。

もしもあなたが月30万円を稼ぎたいとするならば、利益500円のものを600個売って30万円稼ぐのと、利益10万円のものを3個売って30万円稼ぐのでは、どちらが楽に儲かるかはいうまでもありません。

つまり、できるだけ少ない作業で大きな利益を狙っていきたいのであれば、利益が大きく取れるビジネスをやるべきなのです。

でも利益が大きく取れるビジネスって何なの？と、みなさん思われるでしょう。

利益率が高い商品の特徴は、有形のものではなく無形のものです。

有形のものとは、洋服とか飲食物とか形があるもののことです。

無形のものとは、サービスなどの形がないものです。

有形のものには形があるので当然原価がかかります。すると利益率が低くなります。それに比べて無形のものは原価がかかりません。

つまり、無形のものの方が利益率が確実に高くなるのです。

たとえば、セミナーやコンサルティング、コーチングなどは、物ではなくサービスやノウハウを商品として販売しますので、利益率は１００％です。また、保険、お医者さんの診断なども無形のものになります。

ただし有形のものでもブランドという無形のものがつくと利益率が高くなります。

そして1回の取引で大きな利益が狙えるものは、商品単価が高いものです。

たとえば原価５００円の洋服を１０００円で売れば利益率50％で利益は５００円ですが、もしも価格が１００倍のものを扱えば、同じ利益率50％でも利益は１００倍の5万円になります。

同じ労力ならば、単価が高い商品を扱った方が楽に儲かりやすいのです。

3つ目に安定して利益が出しやすいものをやることです。

先月は稼げたけれど今月は全く稼げないとなれば、むしろお金の不安は増えます。安定して利益が出しやすいものとは常に需要が高いもののことです。

たとえば物を販売する場合、季節物、クリスマス用品やハロウィン用品など一定の時期しか売れないようなものは利益が安定しません。1年を通して定期的に売れるようなもの――たとえばブランド物の財布やバッグなどは、年間を通して売れるものなので利益が安定します。物販をする人にはおすすめです。

また月額制で毎月必ず定期的に売り上げが入るようなものは、新規顧客を獲得する必要がありませんので毎月の利益が安定します。

ホリエモンがやっている有料メールマガジンなどが良い例です。一度読者が登録すれば毎月購読料が発生しますので、このようなビジネスは毎月定期的に売り上げが入ってくる安定しやすいビジネスです。

ビジネス初心者は、これら3つの条件を満たしたビジネスに取り組むことをおすすめします。

ビジネス初心者に最もおすすめのBUYMA転売ビジネスとは!?

では初心者に向いているビジネスを具体的に紹介します。

初心者の頃は誰がやっても同じような結果が出やすい、つまり再現性が高いビジネスをやっていくのがよいと思います。誰がやっても同じ結果が出やすいということは、逆に言えば実力がある上級者には向いていません。実力があってもなくても同じような結果になるからです。

僕がおすすめするのはネット物販です。物販は安く仕入れて高く売るという仕組みがシンプルなので、誰がやっても同じような結果が出やすいのです。

そして初心者にはネット物販の中でも、無在庫転売のビジネスをおすすめします。

無在庫転売は手元に在庫がない状態で出品し、注文が入ってから買い付けを行うというものです。通常の転売との大きな違いは、売れるかどうかもわからない商品を先に仕入れなくてもよいという点です。

その商品が売れるかどうかという知識が少ない初心者にとって、先に在庫を抱えてしまうのはリスクでしかありません。ビジネス初心者は在庫を抱えるリスクのない無在庫転売から始めましょう。

次にインターネットを使って無在庫転売をやる方法について解説します。これには大きく分けて二つの方法があります。

ひとつは自分のECサイトを作ってそこで販売するというやり方です。ユニクロや無印良品など、多くの企業が自社のECサイトを作って直接商品を販売しています。

そしてもう一つがすでにいろいろな商品が販売されている他社の媒体に販売者登録して、その中で無在庫転売をやるというやり方です。

ビジネス初心者には圧倒的に二つ目の、すでにいろいろな商品が販売されている他社の媒体に販売者登録をして無在庫転売を始めていくやり方が適しています。

なぜならばビジネス初心者が自分のサイトを立ち上げて、そこで利益をあげるのはとても難易度が高いからです。

ビジネスで会社が倒産する理由で最も多いのが販売不振ですが、その大きな要因は新規顧客を集められないことです。つまり集客がとても難しいのです。これが理由で、起業後10年以内に90%以上の会社が倒産します。

自分でECサイトを作って商品を販売していくためには、当然ながら自力で商品を買ってくれるお客様を集めなければいけません。これは非常に難易度が高く、仮にできたとしても時間がかかってしまいます。それよりもすでに見込み客が集まっている媒体で販売した方が圧倒的に結果を早く出しやすいです。

他の有名な媒体にはその会社がお金を払って広告を打ち、見込み客を集めてくれています。これを利用しない手はありません。

たとえて言えば、ラーメンを売りたいと思った時、お腹を空かせてラーメンを食べたい人をそこに集めてくれている、そんな場所があるのです。あなたはそこに行ってラーメンを売るだけで良いのです。

では、どういった媒体に登録をして無在庫転売をやっていけば良いのでしょうか。

僕がビジネス初心者に最初に取り組んでもらいたいのは、ＢＵＹＭＡ（バイマ）というファッションサイトを使った無在庫転売です。

ＢＵＹＭＡとは日本にいながら世界中のファッションアイテムを簡単に安全にそしてお得に購入できる、海外ファッション通販サイトです。

こちらで出品者登録をすれば、20歳以上であれば誰でも商品を販売することができます。

インターネットの通販サイトやフリマアプリなど、ＢＵＹＭＡ以外にもたくさんのショッピングサイトがあります。その中でなぜ僕がＢＵＹＭＡをおすすめしているのかというと、無在庫転売が規約で認められている媒体はＢＵＹＭＡだけだからです。

ネット物販というとメルカリやアマゾン、ヤフオクなどを思い浮かべる人が多いと思いますが、メルカリもアマゾンもヤフオクも無在庫転売を規約で禁止しています。ですから、こういった媒体で転売をやるのであれば在庫のリスクを抱えなければいけません。

在庫リスクを抱えずに転売するためには、無在庫転売が認められているＢＵＹＭＡを使う必要があるのです。

また初心者がやるべきビジネスの二つ目の条件は、大きな利益が取れるものです。

ＢＵＹＭＡは、主にファッション系やブランド品などに特化したＥＣサイトです。なかでも高級ブランド品が高値で売れやすいため、１商品転売するだけでも利益が５万円10万円と大きく取れるという特徴があります。

単価が高い商品を扱えば少ない労力で大きな利益が得られます。ハイブランド品が高値で売れやすいＢＵＹＭＡは初心者でも稼ぎやすいのです。

他の媒体では難しいのか？と思われる人も多いと思います。

ここで注目すべき点はその媒体で商品を購入する人の客層と売れ筋商品です。ＢＵＹＭＡで商品を購入するのは20代後半〜30代前半の独身者層が最も多いというデータが出ています。そして彼らの年収は６００万円以上が半分以上を占め、１５００万円以上の人が14％もいます。

では他の媒体はどういった層が利用しているのでしょうか。

たとえばネット転売といえば最近はメルカリがメジャーですが、年代別で一番利用者が多いのは18〜29歳で全体の34％、そして年代が上がるにつれてその割合は下がります。また取引される商品の２０２０年急上昇カテゴリーは１位がエコバッグ、２位が生地・糸でした。メルカリは年収がまだ低い10代や20代の利用者が多く、エコバッグや生地・糸などの日用品がよく売れている媒体だということがわかります。

ですから単価が高い商品をメルカリで販売するのは非効率なのです。たとえて言えばセレブが使う高級化粧品を、中高生が集まる原宿や渋谷で売ろうとしても売れないのと同じです。高級化粧品を売りたければ、セレブが多く集まる銀座や白金のほうが断然適しています。同様にネットで高額商品を扱って一商品で大きな利益を得るには、高額商品を買える人が集まっているBUYMAで販売するのが理想的なのです。

これからビジネスを始めたい人は、BUYMA転売からスタートすることをおすすめします。

月1000万円狙えるコンテンツ販売ビジネスとは!?

続いてコンテンツ販売ビジネスについてお話しします。

コンテンツ販売ビジネスは、少し難易度は高くなりますが最も大きく稼げるビジネスです。

インターネットビジネスで、コンテンツ販売で1億円以上稼いでいる人はたくさんいますので非常に夢のあるビジネスです。1億円以上稼ぎたい人はぜひ取り組んでみてください。


コンテンツ販売ビジネスとは何か――これは簡単に言うとあなたのスキルを商品にして販売していくようなものです。

利益率が高く大きな利益が取りやすいビジネスは、有形のものではなく、無形のものだという説明をしました。あなたのスキルを商品にすることで、無形の商品として販売することができます。

前にも述べたように、無形の商品は利益率100%です。一つ売れれば原価がゼロで丸々あなたの利益になります。インターネットで販売すれば店舗も従業員も必要ありません。

だから一人でも月に1000万円以上稼ぐことが可能になります。

まさに夢のようなビジネスです。


コンテンツ販売には大きく分けて二つの種類があります。

一つがデジタルコンテンツ、もう一つがコンサルティングです。

デジタルコンテンツは、自分のスキルやノウハウをPDFや音声ファイル、動画ファイルにまとめて商品化し、販売する形です。コンサルティングは実際に直接指導をしてスキルやノウハウを教えていく物です。

初心者や副業としてやる人は、デジタルコンテンツの方が始めやすいでしょう。

では、具体的にどのようにやっていくのかを説明します。

最初にやるべきことは、商品として販売することができるスキルを見つけることです。コンテンツ販売とは自分のスキルやノウハウを商品として売るわけですから、スキルやノウハウがなければ始まりません。

たとえば、過去にダイエットで10キログラム痩せた経験があれば、その方法を商品にして販売することができますし、英会話ができるのであれば、それを商品にすることができます。

まずは何を商品として売るかを決める所から始めましょう。

「そんなスキル私には何もありません」

そういう人も多いと思いますが安心してください。

僕自身も何もスキルがない状態から始めました。スキルが何もない人は、まず人に教えることができるスキルを身につけるところから始めてください。

では、どういったスキルを身につければ良いのでしょうか？

スキルの選び方にもポイントがあります。これからあなたが自分の商品として販売していくスキルは売れなければ意味がありません。ですからしっかりと需要があるジャンルから厳選していく必要があります。

需要が高いジャンルとしては、お金、恋愛、美容、この辺りではないかと思います。この中でも最ももうかるジャンルはお金です。

僕自身元々ボディメイクトレーナーをやっていましたので、ダイエットや筋トレのノウハウを商材として販売していくことも選択肢としてありました。でもあえてそれはやらずにお金儲けのジャンルを選びました。

それは、美容系も需要は高いのですがターゲットが限られると思ったからです。ダイエットをしたい、綺麗になりたいと思っている人には売れますが、その他の人に売るのは難しいのです。

一方お金儲けに関しては、ほとんどの人が欲しいスキルです。男性女性も関係ないですし、どんなにお金を稼いでいる人であっても、もっと欲しいと思っているはずです。

だから僕はこのジャンルが最も稼げると考えてこれを選択しました。

しかしこの本を読んでいるのはお金儲けのスキルもノウハウもない人がほとんどではないでしょうか？

そんな人は、まず自分で5万円でも10万円でも良いので稼ぐスキルを身につけてください。自分で稼ぐスキルや実績ができればその経験やノウハウを商品として売ることが可能になります。

おすすめは、前に紹介したBUYMAを使った無在庫転売です。これであれば注文が入った後で仕入れるので在庫リスクがありません。資金がない人でもクレジットカードを使って仕入れを行うことができます。

このBUYMAで稼いだ実績をノウハウやスキルとして販売することで、僕のように月1000万円を稼ぐことが可能になるのです。

コンテンツ販売ビジネスは初期費用がかからず、リスクもなく、短期間で大きな利益を得ることができるとてもおすすめのビジネスです。

正しい情報を得る情報収集のやり方

続いて情報収集のやり方について解説します。

何か新しいことを始める時には必ず情報収集をすると思います。

ビジネスでも同じです。初めてのことをやる時は何かしら情報収集を行いますがこの情報収集のやり方で、これから稼げるようになるのか稼げないままで終わるのかが変わってきます。

まずビジネスで成功するには間違いのない正しい情報を得る必要があります。間違った情報を元にビジネスを始めると、当たり前ですが間違った方向に進むので、いつまでたってもお金を稼ぐことはできません。

では正しい情報を得るにはどうしたらいいのでしょうか。

あなたは初めてのことに取り組む時に、どのようなものから情報を得ようとしますか？　インターネットで調べる、新聞やＴＶから情報を得るなどでしょうか。

実はこれらの情報収集のやり方はあまりおすすめできません。

まずインターネットを使った情報収集ですが、おそらく8割の人はインターネットを使って情報収集をしていると思います。わからないことがあればネットでまず調べてみると思います。では、正しい情報が得たいとき、なぜネットで情報収集をしてはいけないのでしょうか。

それはネットには誰でも情報を書き込めるからです。誰でも書き込めるということは、ネットの中には正しい情報と不正確な情報、そして間違った情報があるということです。

ビジネスのことを何も知らない人であっても、ビジネスについてネットに書き込むことができるのです。

このようにインターネットには正しい情報も間違った情報もたくさん掲載されているので、ネットで情報収集する時には、それらを見分けなければいけません。

最近ではインターネットを使ってお金を稼いでいるアフィリエイターも増えています。アフィリエイターとは、インターネットのブログやＨＰを使って広告収入を得る――アフィリエイトでお金を稼いでいる人たちのことです。

アフィリエイトとは自分のブログやＨＰに企業の広告を貼り、そこから商品が購入されたら、その商品の販売元の企業から紹介料としてお金がもらえるという仕組みです。つまりアフィリエイターは広告料を稼ぐため、その商品を売るためのブログやＨＰを作りますので、単なる企業の広告情報、不正確な情報がネット上に流れていることも多いのです。

ネットの情報は全てが正しいものではないのです。

あなたはネット上のたくさんの情報の中から、正しい情報だけを厳選しなければいけません。これがビジネス初心者には非常に難易度が高いのです。新聞やＴＶからの情報収集は、あなたが今得たい情報をピンポイントで得られにくいのでこちらも適してはいません。

では、ビジネス初心者はどのようにして情報を得るべきなのでしょうか？

それは、実際にその分野で結果を出している人から直接教わることです。直接教わることが一番安全かつ効果的で、そして結果が出やすいのです。

すでに稼いでいる人から直接聞いて情報を得ることができれば確実性も高いですし、調べる時間も短縮できます。

また、学びの深さも変わってきます。

学びの深さとは何か？　たとえばあなたが好きな歌手の歌を覚えたい、とします。このとき、歌詞だけを読む、イヤホンで音楽を聴く、ライブＤＶＤを見る、ライブに直接行く——これらのうちどれが一番頭に残りやすいでしょうか？　おそらくライブに直接行くのが一番印象が強く残るのではないでしょうか？　逆に歌詞だけを読んでもほとんど頭に入らないと思います。

これは勉強やビジネスでも実は同じなのです。

インターネットに載っている情報を読んだだけではほとんど頭に入らず、実際にセミナーなどに行って成功している人の話を直接聞いた方がずっと記憶に残ります。

このように、正しい情報を得るという意味でもその分野で結果を出している人に直接聞くことは効果的ですが、深く学ぶという意味でも直接教わるというのは非常に有効な手段になります。

では、具体的にどうやってそういう人を見つけるのでしょうか？

今はインターネットやSNSで情報発信をしている人がたくさんいます。その中から自分がやりたいビジネスでしっかりと結果を出している人を探します。そしてその中からコンタクトを取ってみたい人を選びます。

誰を選ぶかについてもポイントがあります。まず、そもそもその人から学ぶことができるのかというところを確認しましょう。いくらあなたがその人から稼ぎ方やビジネスのやり方を教わりたいと思ったとしても、コンサルティングやセミナー、スクールなどをやっていない人であれば、あなただけに特別に教えてくれることはありません。学べる機会がある人を選ぶ必要があります。

ちゃんと学べる機会があるとわかったら、次は本当にその人に学んで結果が出るのかを考えましょう。その人自身がしっかりと結果を出しているというのも重要ですが、教え子がしっかりと結果を出しているということも選ぶポイントの一つです。

自分ができることと人に教えることは全く別の問題ですので、しっかり指導実績があるというのも重要です。

そして最後に指導体制も重要になります。早く確実に結果を出したいならば、グループ指導形式よりも個別指導形式の方が僕は良いと思います。

学習塾でも集団での授業よりもマンツーマンの個別指導の方が一人一人のレベルに合わせて教えてもらえます。ビジネスの場合も同じで、一対複数よりも一対一の方が結果が出ない場合の原因を細かくアドバイスしてもらいやすいというメリットがあります。サポート体制もしっかりチェックして自分に合ったものを選びましょう。

またこのように積極的に成功者と関わることで、教えてもらうこと以外に、稼いでいる人が何をどのようにして稼いでいるのかという具体的な情報を知ることができます。ビジネスの実力をつけていく上でこれはとても大切な情報です。

自己流でビジネスをやっていくのではなく、以上三つのポイントを意識し、すでに結果が出ている人からやり方を学び、モデリングしていくことが最短で結果を出すことにつながるのです。

効果的なオファーのやり方

前節でビジネスで稼いでいくにはその分野で実際に稼いでいる人から直接教わるのが最も効果的だという話をしました。これを読んだあなたは、早速ＹｏｕＴｕｂｅやインスタグラムなどから稼いでいる経営者を探して連絡をしようとするかもしれません。

しかし闇雲に連絡しても相手にされません。

冷静に考えてみてください。いきなり知らない人からお金の稼ぎ方を教えてくれとＬＩＮＥに連絡がきたらあなたはどうしますか？　怖くなってブロックするのではないでしょうか？　それはお金を稼いでいる経営者も同じです。いきなり訳もわからない人から連絡が来てお金の稼ぎ方を教えてくれと言われても、教えてあげる気にはなりません。

では、どうすれば良いのでしょうか？

あなたはＧｉｖｅ＆Ｔａｋｅという言葉を聞いたことがありますか？

Ｇｉｖｅ＆Ｔａｋｅとは、何かを与えたら代わりに何かをもらう、何かをもらったら代わりに何かを与えるという、対等な互助関係を言います。

Ｇｉｖｅ＆Ｔａｋｅは何かを自分が欲しい時に使える有効な手法です。

自分が与えることをすれば相手は返してくれます。これにはちゃんとした理由があります。

返報性の法則といって、人は与えられると何か返さないといけないという心理になるのです。ですから この返報性の法則を利用して、まずは自分が与えることが自分が欲しいものを得るためには重要なのです。

僕にもよく、お金を貸して下さいという相談の連絡がたくさんきます。でもいきなりお金を貸してくれと言われても、一切貸す気にはなりません。

しかし、もし何かを与えられたら申し訳ない気持ちから何かしてあげなければ、と思います。恩を受けると恩を返したくなるのが人間です。与えるという行為は人間の心理を突いた非常に効果的な戦略なのです。

ただし大事なことは与えるという行為ではなく与える気持ちです。

たとえばあなたが恋人にプレゼントを渡す時、1万円のプレゼントを渡しておけば1万円の見返りが返ってくるだろうと思って、ひとまず1万円のプレゼントを渡しても、きっとあなたが求めている見返りは返ってきません。

何をしたら喜んでもらえるかな、と真剣に考えてプレゼントをあげればきっと喜んでもらえてそれ以上のものが返ってくると思います。

これが大切だと僕は思っています。

Ｇｉｖｅ＆Ｔａｋｅで大切なことは、Ｔａｋｅばかりを考えてはダメだということです。

これはビジネスをやっていく上で非常に重要です。

自分の利益だけを考えお客様のことを考えていなければ、稼げるようには絶対になりません。たとえばあなたが販売している商品の内容がお客様が満足するものでなければ、その商品をリピートしてくれなくなりますし、悪い口コミも広がるでしょう。

そうなれば結果は自分に返ってきます。

これが逆ならばどうでしょう。あなたの商品をお客様全員が満足してくれれば、何度もリピートされ、良い口コミも広がり勝手にお客様が集まります。

結果的にあなたの収入がどんどん増えます。

お客様のことを本気で考え、お客様が満足する商品やサービスを提供することで、必ず自分に利益が返ってきます。

本心から相手のためを思って与えることができる人がビジネスで成功できるのです。

インターネットを使ったビジネスであっても、結局ビジネスは人と人です。ですから、「あの人にぜひ与えたい」「何か返さなきゃ」と思われるようになることが重要なのです。

すでに稼いでいる人から良い情報をもらうには、「この人を成功させてあげたい」と思わせるように、まずは与えていくことから始めましょう。とはいえ稼いでいる人に何を与えれば自分のために返してもらえるかわからない人も多いと思います。

僕もこれまで稼いでいる人からたくさんの情報を入手してきました。その時に僕がやったことを紹介します。

僕がやった手法はその稼いでいる人が販売している商品を買うことです。その商品が欲しかったのではなく、その人に喜んでもらえることをやろうとしたのです。自分が販売している商品を買ってもらえれば、当然販売者は嬉しくなります。相手もお金を払って買ってくれたのだから、自分も何か返さなければという心理になるわけです。

実際に僕はこの手法をよく使うのですが、これは最も簡単で効果的な手法だと思っています。特に販売されている商品がコンサルティングやセミナーなどであればより好都合です。それは販売者と直接関わるチャンスがあるからです。

商品を買うことで購入者と関わることができるものは、情報を得るためにとても有効です。

在宅で一人でするビジネスであっても、自分本位な考えでビジネスに取り組むと失敗してしまいます。ビジネスで成功していくには、人に与えるという意識を持つことが大切です。

時給を高める二つの方法

さて、あなたがこれからビジネスを始めて稼げるようになったとしても、働きづめの毎日であれば幸せと言えるでしょうか？

僕は幸せだとは思いません。

お金はあなたが幸せになるためのツールですので、いくらお金があってもやりたいことを精一杯やれる時間がなければ不十分です。

できるだけ働かずに大きな資金を稼ぐことができれば最高だと思いませんか？

そんな夢のような話は怪しく聞こえるかもしれませんが、働く時間を少なくして大きな資金を稼ぐためには、時給を高めれば良いというだけの話です。

時給を高めることができれば労働時間が少なくても得られるお金は多くなります。

時給を高める方法は次の二つです。

1. 高額商品を販売する
2. 作業を人に任せる

まず高額商品を販売するという方法について説明します。

僕の例でいうと最初に始めたパーソナルトレーニングは、月4回60分のトレーニング指導を3万円でやっていました。時給にすると7千5百円です。

その後インターネットビジネスでコンサルティング販売をしましたが、そちらは月4回60分の指導で受講料は3ヶ月77万円でした。時給計算すると約6万4千円です。ジムの時と比べると時給は約8・5倍です。

同じ1時間でもいくらの商品を扱うかで時給が大きく変わります。

転売の例を挙げると、1個で利益が1000円のものを100個売って10万円を稼ぐのと、1個で利益が10万円のものを1個売って10万円を稼ぐのであれば、時給は100倍違うわけです。

ですから小さい作業で大きな利益が得られるような高額商品は時給を高めます。自分の商品を販売する場合も、商品価格を高めることで時給を高めることができます。

また二つ目の、作業を人に任せることについて説明します。

一章で4種類の働き方を紹介しましたが、作業を人に任せるというのはその中のビジネスオーナーの働き方です。自分が現場に出て作業をしなくても、従業員が働いてくれることでオーナーは何もしなくても売り上げが入ってくるという仕組みです。

人に任せるというのは人を雇うことになるので、初心者には難しいと思われるかもしれませんが、実はそうでもないのです。副業で在宅ワークであっても作業を外注化して人に任せることができます。

今は作業をしてくれる人を募集できるクラウドワークスやランサーズなどクラウドソーシングのサイトがあります。そこで探せばあなたの代わりに作業をしてくれる人は見つかります。

人に任せるとなると人件費がかかるのではないか？　そのように思われるかもしれませんが、固定で報酬を支払うのではなく、売り上げの何％を報酬として支払うという形にすれば、仮に売り上げが低い時でも赤字になることはありませんので安心です。

僕は今そのやり方でやっています。自分で作業することはありませんが、人件費で赤字になることはなく安全に経営ができています。


このような工夫をすることで、少ない時間で大きなお金を稼ぐことが可能になります。

また、ある程度自分の時給が高まってきたら、自分の時給よりも低い作業は絶対にやらないようにすることも大切です。

たとえばあなたの時給が3万円だとします。それならば掃除や家事は代行に任せて自分ではやらないのが正解です。掃除代行にお願いすれば、1時間2、3千円でお願いできます。そうすれば2万7千円得したことになります。逆に自分でやると3万円マイナスになった、そう考えることが大事です。

1時間で3万円のお金を生み出すことができるにも関わらず、それ以下の仕事をやるのは非常にもったいないのです。

よくお金持ちが家政婦などを雇う話は聞いたことがあると思います。お金持ちが家政婦を雇う理由は、自分の時給以下の仕事をするとマイナスになるという発想からきています。自分の時給以下の仕事を自分でやることは、自分の人生のマイナスになるので人にお願いするのです。

時間の生み出し方

ビジネスを始めたばかりの頃はやることがたくさんあります。

その時に時間がなくて取り組めませんという人がいます。

特に副業でビジネスを始める人は余計に時間がないかもしれません。


しかし、時間は作るものです。

時間は生み出すことができます。


仕事ができない人に限って「時間がない」と言います。しかしそう言う人は無駄な時間が多いように思います。無駄が多いから自分が目標を達成するために確保するべき時間が作れないのです。

時間を生み出すために重要なことは「断捨離」です。人は全員24時間という同じ時間を与えられています。この24時間でいかに無駄を省いて、必要なものにだけ時間を使えるかが大切なのです。

まず自分の目標を達成するために必要ないものは全て削ることから始めましょう。そうすれば本業をやっていたとしても副業をする2、3時間ぐらいは簡単に作り出せます。


実際に僕が実践していたことを紹介します。

まず初めにTVの時間を徹底的になくすところから始めました。TVは究極の時間泥棒です。仕事から帰ってとりあえずTVをつけて、気がついたら1、2時間経っていたなんてことはありませんか？

僕はビジネスを始めた当初TVは見ないと決めて、当時は一切見ていませんでした。

数年まともにTVを見ていませんでしたが、生活には何の支障もありませんでした。まずはTVを断捨離していくことが、時間を生み出すためには非常におすすめです。TVの時間を削るだけで副業に取り組む1、2時間は確保できると思います。


次に僕が実践していたのは食事の時間短縮です。

食事は生きていく上で必ず必要ですので、食事の時間をカットするわけにはいかないのですが短縮することはできます。

時間がないという人の特徴として、同僚とランチに行ったり、仕事終わりに飲みに行ったりしている人が多いように感じます。もちろん付き合いもあると思いますが、自分の目標達成のために人を断捨離することも重要です。

会社の飲み会に参加してあなたの人生を変えることができるのでしょうか？　給料を増やすことができるのでしょうか？　もしそれを行うことであなたの目標が達成できないのであれば、その時間を断ってビジネスの時間に費やすべきです。

実際に僕自身もこれまで人の断捨離をやってきました。自分でビジネスを始めてから、それまで飲みにいっていた友達の誘いは全て断るようにしました。誘いにのって飲みにいけばビジネスに取り組む時間が作れないからです。最初は辛いかもしれませんが、面白いことに断り出すとだんだん誘いも来なくなりますので、結果的にビジネスに集中できます。

また飲みや会食だけでなく、日常の食事の時間も短縮することはできます。たとえば食卓に座って食事をしなくても、パソコンをしながら片手におにぎりで食事をすることは可能です。ちなみに、こちらは現在進行形で僕もやっています。

1食で30分間の食事時間を使っていたとすれば、3食で1時間30分です。これだけでも1時間30分の時間が生まれますので、副業の時間が十分に確保できるようになります。

最後に睡眠時間です。時間がないという人に多いのが、無駄に睡眠時間が長いことです。もちろん生きていく上で睡眠は必須ですので、眠るなと言っているのではありません。しかし睡眠時間を削ると大きな時間を生み出すことができますので、時間がない人は睡眠時間を削ることをおすすめします。

睡眠時間を短くすると眠いとか体に良くないと言う人もいます。でもカリフォルニア大学のデータによれば、1日7・5時間以上睡眠をとっている人は死亡率が20%も高いということです。寝過ぎてしまっている人は睡眠時間を減らし、その時間をビジネスに当てましょう。

また、まとまった時間が取れない人でも隙間時間や移動の時間などを上手く使えばビジネスの時間を確保できます。

僕がビジネスを始めた頃に実践していたのは、移動中や隙間時間に音声で勉強することでした。当時は教材で勉強をしていましたが、僕は昔から文章が苦手で教科書なども読むと眠くなってしまいます。また勉強しなきゃと思って机に座ると、気づいたら漫画を読んでいたりスマホをいじったりしていて全くはかどりませんでした。

そこで始めたのが教材を読み上げてそれを録音し、その録音を移動中や支度時間に聞き流すことです。これが僕には非常に向いていて、移動中や朝の支度中に聞き流しておくことで、勉強している意識はないのですが自然と頭に入るのです。

この手法は時間も有効的に使えますし、机に向かって作業をするのが苦手な人にはおすすめの手法です。

移動の時間などもビジネスのために使うことができれば、勉強は移動中、自宅で机に向かっている時間は作業するために使えますので、効率的にビジネスに取り組むことができます。

ビジネスで成功するためには何らかの工夫をして時間を確保する必要があるのです。

第四章　年間1億稼ぐために必要な考え方

価値観を変える

この章では、あなたがこれから1億円以上のお金を稼げるようになるために必要なマインド、考え方についての話をします。

まず初めに伝えておきたいのは、あなたも1億円以上稼いでいる人も能力にそれほど差はないということです。ですから、考え方や意識を少し変えるだけであなたも1億円を稼げるようになる可能性があります。私なんかに無理だと思わずに最後までお読みください。

まず1億円以上を稼ぐためにあなたにやってもらいたいことをお話しします。

今のあなたの状態――思うようにお金が稼げていない――は、今までのあなたの行動の結果です。今の結果を生み出してきたあなたの行動――それを大きく左右したものは何でしょうか？

実はあなたの行動を大きく左右しているものは「価値観」です。ですから、これからの人生を今までと大きく変えたいと思われるのであれば、まず価値観を変える必要があります。今のあなたはこれまでのあなたの価値観が生み出したものです。

価値観とは物事の価値についての基本的な考え方を意味します。あなたがこれまで重要視してきたものの順番が価値観です。

ボディビルダーを例にしてみます。彼らは高級レストランで脂がのった美味しい食材を食べるよりも、ささみの方が嬉しいという価値観を持っています。その結果、筋肉隆々の体を手にしているのです。筋肉隆々の体の原点は価値観から生まれています。食事はカロリーが高くて糖質が多くて美味しいものを食べるべきだという価値観であれば、筋肉隆々の体にはなれません。

僕の場合であれば、会社員として働くのは嫌だという価値観があるから起業という道を選びました。それが今の結果に結びついています。

今会社員として働いている人は、会社で働くのは絶対に嫌だという価値観ではないはずです。もし絶対に会社員として働くのが嫌であれば、会社を辞めているはずです。嫌だけど続けている人は、本気で嫌だとは思っていないのです。

このように結果の違いの原因は価値観の違いによるものだと僕は思います。

つまりあなたが平凡な人生を抜け出して、お金持ちへと結果を変えたいのであれば価値観から変えていく必要があるのです。

逆に言えば価値観が変われば必ず結果は変わります。

とは言え、価値観を変えるということにピンときていない人も多いと思いますのでより詳しく解説していきます。

価値観を変えるということは、「今まで思っていたことがそう思わなくなるということ、または今まで思わなかったことがそう思うようになること」です。そうしようと思っていたことがある時そうしようと思わなくなったり、そうしようと思ってなかったことが、そうしようと思うようになるということです。

つまり意識的にやるのではなく、無意識にできるようになるということです。

これはその人の価値観が完全に切り替わっている状況です。では、具体的に価値観の変え方について説明します。

環境を変える

価値観を変えるのに最も有効なのは環境を変えることです。

自分一人の意思で価値観を変えていくことも不可能ではありませんが、とても難しいと思います。今まで何十年も生きてきて身についている価値観は自分の意思だけでは簡単には変わりません。

そのために周りの力を使うことが大切になります。

周りの力とは環境です。人間関係や住んでいる場所、こういった環境を変えることで一気に価値観が変わることがあります。

たとえば、学生時代と今で価値観が変わったという経験のある人は多いのではないでしょうか。学生時代にやっていたことを大人になった今振り返ると「恥ずかしいことをしていたな」と思う人もいると思います。

それは学生時代と今で環境が変わったことによって価値観が変わったのです。つきあう人が変わったり、行く場所が変わったり、住む場所が変わったり、環境が変わることで価値観を変えることが可能なのです。

場所やつきあう人を変えるのは価値観を変えるのに非常に有効な手段です。だから「今の現状を変えたい」と思っている人は現在の環境や人間関係を整理していく必要があります。

逆に言えば、稼げない自分から変わることができない人は、環境や人間関係を整理できない人です。

こんな人はいませんか？

・今の会社に勤めていても自分の目標が達成できないと思っていても辞められない
・今つきあっている人が自分のプラスにならないとわかっていても、縁を切ることができない

今の環境や人脈を捨てることができない人は成功できません。

生産性もありませんし、発展性もありません。

このようなタイプの人は残念ながら今の生活から抜け出すことができず、一生今のままです。環境や人間関係を固定的なものと考えないことが大切なのです。

こういう考えを持つことで常に価値観を変えられるようになり、短期間で結果を変えることができるようになります。

価値観を変えるために現在の環境を変え、人付き合いも切る勇気が必要です。

僕自身、現在学生時代の友達や前職の同僚などと一緒に遊んだりつきあったりすることはありません。冷たいようですが、上を目指すのならば環境や人間関係を整理しなければいけません。だからこそ価値観を変えることもできて、短期間で大きく結果を変えることができたのです。

もしもあなたがこれから大きく結果を変えたいと思われるのであれば、今の環境と人間関係を整理し、お金を稼いでいる人の環境に身を置き、お金を稼いでいる人とつきあうことをおすすめします。

そうすれば、あなたの価値観は自然とお金持ちの価値観に変わります。

過去に囚われずに新しいことにどんどんチャレンジする意識を持ちましょう。

稼げると思い込む

ここであなたに質問があります。

あなたは自分が将来いくら稼げるようになると思いますか？

この金額をどのように答えるかであなたの将来の年収は決まります。

昔、お金持ちの社長がこのようなことを言っていました。

「年収がいくらになるかは、自分がいくら稼げると思っているかだ」と。


年収１０００万円以上の人は世の中の２％だというデータがあります。１００人に２人です。

この話を聞いて楽勝と思える人は稼げるようになると思いますし、無理だと思う人はその時点で年収１０００万円稼ぐことはできないでしょう。なぜなら最初から無理だと思うので年収１０００万円を達成するための行動をしませんし、何をすれば良いのかすらも考えないからです。

お金持ちになるために重要なことは「できる」と思い込むことです。

できるかできないかはその時点では関係ありません。

未来のことなんて誰もわからないのですから。


できないとやる前から思っている人は、能力の問題ではなく気持ちの問題でできなくなってしまいます。

野球選手がバッターボックスに立って絶対に打てる気がしないと思っていたら、いきなりホームランを打つなんてことはないと思いませんか？　打てると思ってバッターボックスに立つから打てるわけで、打てる気がしない人は絶対に打てません。

大事なことはまずは稼げると思い込むことです。

できるかできないかは結果の話です。

やる前からできないと思うことで、あなたは自分の可能性を自分自身で潰しています。それは絶対にやらないようにしましょう。

僕は起業した時に絶対やれると確信していました。そして誰もが無謀だというような目標を持っていましたが、達成できる自信がありました。

なぜ自信があるかというと、それを達成している自分を常にイメージできているからです。だから行動することもできますし、やり続けられるのです。

1億円を稼ぐ——ほとんどの人は「無理だ」と思います。

だから1億円稼いでいる人は少ないのだと思います。

でもやれると信じて実践すれば実はそんなに難しくないのです。それは僕自身が経験してみてわかりました。誰もが1億円稼ける可能性を持っているのに、それを実現することができない理由は一つだけです。

「1億円稼げる」と思って、1億円稼ぐことを目標にしていないからです。

「そんなの無理に決まっている」と思い、目指そうともしないのです。

周りには馬鹿みたいな目標だと思われるかもしれませんが、僕は馬鹿だと思われるようなことを考えることも成功の要因になると思っています。

成功するためには、稼げると思い込む妄想力とそれを実現させるための行動力が不可欠です。

自分を過小評価せず、馬鹿みたいな目標を持って、自分はやれると思い込みましょう。

それがあなたが1億円稼ぐ人になるためのスタートラインになります。

行動を起こす

価値観を変えて自分にはできると思い込んだら、次は行動を起こしましょう。

結果が出ない人の特徴は行動力がない人です。

彼女が欲しいと言いながら告白することはできない。

こういう人は一生彼女ができません。

とにかく失敗しても行動をすることがお金を稼いでいく上で非常に重要になります。とはいえいきなり行動しなさいと言われてもすぐにはできないと思いますので、まずは日頃から何事にもチャレンジする癖をつけることをおすすめします。

なぜ日頃から何事にもチャレンジする癖をつけるのが良いのかを説明します。

新しいことにチャレンジするには勇気がいります。

行動できない人はこの勇気がない人で、マイナス面ばかりを考えどんどん怖くなり行動ができなくなっているのです。

しかし、これも慣れることで改善できます。

バンジージャンプが恐くてできない人も、100回も飛べば101回目はすんなり飛べるようになります。

これと同じで日頃からやったことがないことにチャレンジする習慣ができれば、新しいことにチャレンジすることが怖くなくなります。

そして普通に何かをやろうと思った時に行動ができるようになるのです。

普段から同じことばかりしていると、新しいことをやる習慣がないので新しいことをするのが怖くなります。そんな日々を重ねていくと最終的には何も挑戦できない人間になってしまいます。

そうならないために、1日1回は何でも良いのでやったことがないことにチャレンジする癖を付けましょう。それだけで新しいことにチャレンジする癖がつき、行動力がついてきます。

チャレンジする癖をつけることは人生に大きな影響を与えます。

基本的に何かを成功させるためには、チャレンジは避けて通れません。

これからお金を稼いで人生を変えたいと思っている人は、本を買ってみるとかセミナーに行ってみるとか、そういった小さいことからでも良いので今までやったことがないことをやってみましょう。毎日の小さな積み重ねが大きな結果につながります。

そして行動する上で重要なことがあります。

それはスピードです。

よく情報を100%収集してからでないと始めることができない人がいます。でも全ての情報を収集しようと思えばキリがありません。それは新しい情報が常に生まれているからです。

情報収集を100%してから行動するのは辞めましょう。

情報収集の目的は、最終的に意思決定をして行動をするための判断材料を得ることです。100%の情報を手に入れようとするのではなく、動いてから必要な情報を見つけていくというスタンスが必要です。やる前から良い情報を入手しようとしてもわからないので、ある程度の情報を得たらまずは動き出してみて、その中で試行錯誤していく方が効果的だと僕は思っています。

大事なことは考えるよりまず動くこと。「動いてから考える」――この順番です。

「まだ準備が整っていないから」と言ってなかなかやらない人がいますが、これは行動ができない人の言い訳です。このような人は準備ができてもやりませんし、明日になっても明後日になっても1年後も準備が整うことはないでしょう。

むしろ人は老化するので月日が経てば経つほど行動が難しくなっていくのです。

また「来月になったらちょっと仕事が落ち着いてやれるんじゃないか」と考えている人が多いですが、それは大間違いです。今できないことはこれからもできません。

成功するために大切なことは、今この瞬間に全力を注ぐことです。

昔できなかったから自分にはできないと過去の自分のせいにするのも、来年だったらいけるんじゃないかと未来の自分に期待するのも、全て現在の自分から責任を引き離そうとしているのです。

過去や未来ではなく今の自分が責任を引き受けて、今すぐに行動しましょう。

リスクを取る覚悟を持つ

三章で初心者はリスクのないビジネスをするべきだという話をしました。

もちろんビジネスをやっていく上でリスクが少なく大きく稼げるものをやるに越したことはありません。

しかし、もしこれからあなたが副業で小遣い稼ぎのレベルではなく、1億円という金額を稼ぎたいのであれば、リスクについてしっかり理解しリスクを取る覚悟を持つ必要があります。

1億円を稼ぐにあたり、なぜリスクを取る覚悟が必要なのかをお話しします。


まず、1億円を稼ぐとなると会社員の副業では普通に考えて難しいでしょう。

そうなると会社を辞めて自分で事業を立ち上げなければいけません。

会社を辞めれば、これまで出社して言われたことをこなしていれば毎月もらえていた給料がもらえなくなります。

自力で稼げなければ収入は0円です。

収入がゼロになれば、家賃を払うこともできなければ、食事をするお金もありません。生活していくことすら難しくなります。

しかしもし事業が上手くいけば、毎日遊んで暮らしてもお金がなくならず欲しいものを好きな時に好きなだけ購入することができるようになります。

つまりリスクを取ることで大きなリターンを得られる可能性が生まれるということです。

このようにリスクを取っているからこそ大きなリターンを得られる資格があるのです。ですからもしあなたが1億円稼ぎたいと思うのであればリスクをとる必要があります。

多くの人は月100万円ぐらいお金が入ってきて毎日好きなことだけをして生活ができるなら嬉しいと思います。それにもかかわらず、定年まで安月給で会社に縛られて生きていこうとします。その理由はリスクが怖いからです。

多くの人は「起業はリスクがある、失敗するぐらいなら安定を求める」と言います。確かに自分でビジネスをやるということには、大きな収益を得られる可能性がある代わりに、安定的な収入がなくなるというリスクがあります。

しかしリスクについてしっかりと理解をしておく必要があります。

会社を辞めることには確かにリスクがあります。

でも会社員を続けることにもリスクはあるのです。

むしろ僕は会社員を続けている方が、よほどリスクは大きいと思っています。もし会社からクビだと言われたら、あなたの所得はゼロになります。あなたが勤めている会社が倒産することもあり得ます。

僕は攻めが最大の防御だと思っています。常に収入を上げるために学んで考えて行動している人は、どんな状況が来ようとも自分自身の力で自分を守りきれると思います。

しかし会社に安定を求めて最初から守りに入っている人は攻めていないので、結果的に自分を守りきれません。

正直自分でビジネスをやって会社員の給料ぐらいを稼ぐことはそんなに難しいことではありません。自分で稼げるスキルがあれば、それこそ安定で安心だと思います。


これからビジネスを始めたい人は、リスクについてしっかりと理解し、リスクをどう捉えていくかがとても重要です。

ただ、そうは言ってもなかなかリスクを受け入れることができないのが人間です。なぜリスクを受け入れることができないかというと、リスクは危ないものだと思ってしまっているからです。

しかし、先ほどの話のとおり、リスクをとることで大きなリターンも生まれますし、そもそも会社員を続けることにもリスクは存在します。

僕の周りでも大きく稼げている人はリスクを恐れていません。失敗する可能性があろうともチャレンジします。

それはリスクを恐れてチャンスを逃すことの方がマイナスだと思っているからです。リスクを恐れてチャレンジをしないというのは、自分の可能性を潰すということです。

リスクを取る覚悟を持って、それ以上のリターンを取るという意識でビジネスに取り組むことが1億円稼ぐ人になるためには必要なのです。

お金の使い方を考える

あなたはお金持ちになれる人ってどんな人だと思いますか？

親がお金持ち、才能がある、学歴がある、というようなイメージでしょうか？

僕が思うお金持ちは、お金の使い方が上手な人です。

あなたがこれから億を稼ぐお金持ちになりたいと思うのであれば、お金持ちになれるお金の使い方をしていくことが重要です。

多くの人はお金持ちになりたいと思ったら、お金を使おうではなく稼ごうとします。

「お金を稼ぎたいです」

「収入をあげたいです」

このように言います。

でもこれではお金持ちになることはできません。

お金持ちになるために大切なことはお金の使い方です。

今20万円とか30万円の給料を毎月もらっているのであれば、それをどのように使うかを考えることが重要です。

お金持ちの人は最初からお金持ちだと思い込んでいる人がいますが、ほとんどの成功者は最初は全くお金がないところから始めて成功を収めています。

僕も年収300万円からのスタートで、学歴や才能があった訳でもなければ親の力を借りた訳でもありません。毎月給料として入ってくる20万円を何に使うかと考えてきました。

お金持ちになるには今あるお金を何に使ってどのように増やしていくかを考えなければいけないのです。

稼げない人は、お金を使わなければいけない時に使わない傾向があります。

だからお金を増やすことができないのです。

それなのに同僚との飲みだったり、自分が欲しい洋服だったり、そういうものには平気でお金を使います。

でも、そういうものにお金を使って、お金が増えるでしょうか？

お金を使ってお金が増えなければ当たり前ですがお金は減る一方です。

あなたがお金持ちになりたければ、お金が増えるものにお金を使わなければいけません。

学歴があって頭も良くて優秀だけど、お金を稼げない人はたくさんいます。そんな人はお金が増えるものにお金を使えていないのです。

これからあなたが大きく稼いでいくためには、今あるお金を何に使うかしっかり考えることが重要です。

では、お金の使い方について解説をします。

お金の使い方には複数あります。

一つが帰ってこないお金の使い方、つまり消費です。

もう一つが帰ってくるお金の使い方、投資です。

そして、そもそも使わずに貯金をする。

この三つのパターンがあると思います。

このお金の使い方で、将来お金持ちになるのか貧乏になるのかが決まります。


では、どういったお金の使い方をするべきなのでしょうか？

結論からいうと消費と貯金はダメです。

お金持ちになるお金の使い方は投資です。


消費と貯金では、なぜお金持ちになれないのでしょうか。

消費とは友達との食事や飲み代、洋服代、趣味へのお金など、使ってなくなってしまうお金の使い方ですが、単純に使って終わりだからです。

お金を使ったことでそれ以上にお金が返ってくることはありません。基本的には消費は自分の快楽のためのお金の使い方であり、お金を増やすための使い方ではないのです。


次に貯金ですが、貯金は一見お金持ちになれそうな気がします。

一般的にはお金は貯金しなさいと言われます。もちろんそれには理由があります。

それはあなたが将来お金に困ることのないよう、しっかりと将来のために貯蓄をしておきなさいという意味です。

確かに会社員であれば生涯年収がある程度決まっていますので、貯金をしておかないと将来苦労することになるかもしれません。

しかし、本書はビジネスで1億円以上を稼ぎたい人向けの本です。これから自分でビジネスをやって稼ぎたい人は、貯金はするべきではありません。

何故ならお金を貯めておいても増えることがないからです。

もしもあなたがビジネスでお金を稼いでいきたいのであれば、お金を使って増やしていかなければ成功することはできません。

お金は使わないと意味がありません。

使わなければただの紙切れです。

お金は使って初めて能力を発揮するものです。

確かに貯金があれば安心かもしれません。

僕自身、実は昔は貯金派の人間でした。でもビジネスを始めた後は、お金を貯金するのではなく、どんどん使うことでお金が増えました。

稼げない人はコツコツ貯金をしてほしいものを手に入れようとしますが、何年もかけて節約をして頑張っても、大した金額は貯まりません。仮に月に3万円ずつ10年かけて貯めたとしても、手に入るのは車が買える程度の金額です。

貯金でお金持ちになることはできないのです。

最後に投資について解説します。

投資にお金を使うと良いと言われても、投資についてうまくイメージができないかもしれません。

投資にも種類がたくさんあります。

事業投資、自己投資、株式投資や不動産投資などいろいろです。

その中で僕が最もおすすめするのは自己投資です。

自己投資とは、今よりも大きな利益を得るために、将来の自分に向けて自分のお金や時間を投資することです。会社からもらった給料は自己投資に使われることをおすすめします。

では具体的に何をすることが自己投資になるのでしょうか？

僕はビジネスのセミナーに行ったり、コンサルティングを受講したり、本を買って勉強して自分のスキルや知識を増やしてきました。

僕は以前は月に5万円ぐらいは消費に使っていたと思います。でもビジネスで成功すると決めてから、友達との飲みや自分が欲しいものを買う消費は一切辞めました。

あなたもこのくらいの金額は消費に使っているのではないでしょうか？

毎月5万円、自分が成長するために自己投資すれば数年後のあなたの所得は大きく変わります。そして生活や人生も大きく変わります。

自己投資すれば、自分が本気で取り組めば100%成長できます。
株式投資や不動産投資のように、上手くいかなかった時の損害はありません。
自己投資は投資の中でも一番安全性があり、リターンが大きいものなのです。

僕の今の結果があるのは、自己投資をたくさんしたおかげです。
あなたがこれから大きく稼ぎたいのであれば、どんどん自分に投資してください。

友達や家族の言うことは聞かない

ここであなたに質問です。

あなたが1億円を稼ごうと考えた場合、新しくビジネスを始めたり会社を辞めたりすると思いますが、その時に誰かに相談しますか？　それとも自分一人で決めますか？

おそらく多くの人は家族や友達に相談したりすると思います。

でもあなたが本気でお金持ちになりたいと思われるのであれば、それは絶対にやめるべきです。なぜなら全く参考にならないからです。

もしもあなたが「私今からビジネスを始めて1億円を稼ぐんだ」と家族や友達に言ったらどうでしょう。きっと「馬鹿なことを言ってないで真面目に働け」と言われるでしょう。

これはあなただから言われるのではなく、誰が言ったとしても周囲はそのような反応をするでしょう。でも考えてみてください。あなたの家族や友達は1億円を稼いだことがあるのでしょうか？

1億円稼いだことのある人のアドバイスなら参考にしてもいいと思いませんか？　でもたいていの場合、「無理だ」「やめなさい」というのは実際に稼いだことのない人達です。そうであれば全く参考になりません。せっかくやる気になったあなたのモチベーションが下がるだけです。

ここであなたに何をやっても必ずうまくいく方法をお伝えします。

それは非常にシンプルで「うまく言っている人だけのいうことを聞き、それ以外の人のいうことは100％シャットアウトする」ということです。

これで大体のことは上手くいきます。

たとえばプロ野球選手になりたいという夢があるのであれば、家族や友達に「お前には無理だよ」と言われても、家族や友達はプロ野球選手になったことがないのですから聞き入れなくて良いのです。

そして、ちゃんと聞き入れなければいけないのは、実際にプロ野球選手になった人の意見です。実際になった経験がある人であれば、どうやればプロ野球選手になれるのかわかっていると思います。

だからビジネスでもその分野で上手くいっている人の意見だけを聞き入れることが成功するためには重要です。

しかし、ほとんどの人はその真逆をやってしまっています。

家族や友達に「そんなの無理だよ、辞めた方がいい、危ない、騙されている」と言われると、「そうだよね」と辞めてしまいます。そしてお金を稼いでる成功者が「こうやった方がいい」というと、「怪しい、そんなに稼げるわけがない」と思ってやらないのです。

僕は、成功者の意見を聞くことは、経済的自由を手にするための上りのエスカレーターに乗ることだと思っています。

家族や友達の意見を聞くことは下りのエスカレーターです。いくらあなたが頑張ろうとしても「そんなの無理だ、現実をみろ、辞めた方が良い」と足を引っ張ってきます。あなたが何をどんなに頑張ろうと、自分以外の全員が足を引っ張ってくる環境であればそこを駆け上がるのは非常に難しいことなのです。

ですから、あなたがこれから自分の夢や目標を叶えたいと思うのであれば、その目標や夢をすでに達成している人に相談すべきです。その目標や夢をすでに達成している人は絶対に無理だとは言いませんし、できると応援してくれると思います。

そういう上りのエスカレーターに乗りましょう。

そして、最も大切なことは、「最終的な意思決定は自分でする」ということです。

他人が決めた人生って面白いですか？　それで本当に後悔のない人生だと言えますか？　僕は自分がやりたいようにやりたいですし、仮にそれで失敗したとしても自分で決めたことであれば納得できます。

でも他人の意見で動いて失敗したら納得ができません。

だから全て自分の意思でこれまで様々な選択をしてきました。

他人の意見に従っても、必ず後悔することになります。

いくら反対されても厳しいことを言われても「自分がどうしたいか？」を重視しましょう。他者に相談して「他者に向き合う」よりも、「自分自身の感情や考えに向き合う」ことに時間を使いましょう。

才能を作る

億万長者になった人は才能がある人だと思われていますか？

確かに億を稼ぐとなるとそれなりの能力は必要になってきます。

ただ、僕は億万長者になった人達に生まれ持った才能があったとは思っていません。もちろん中にはそんな天才もいるかもしれませんが、少なくとも僕自身には元々才能があったわけではありません。

才能は芽生えるものではなく作るものだと僕は思っています。

世間で才能があるといわれている人も、実は見えないところで努力をしています。普通の人は普通のことしかやっていないので、その結果普通の人にしかなれません。才能があると言われている人は、実は普通の人よりもたくさん勉強しています。


結果を出すのに才能は必要ありません。

「やるか、やらないか」だけだと僕は思っています。


フリーターでも学歴がなくてもそこから逆転することは十分に可能です。僕自身がそれを証明しています。むしろ高学歴で一流企業に就職をするとそこがゴールになってしまう人が多いと思います。成功を手に入れたと思い、それ以上のことに挑戦をしなくなります。また、「会社を辞めたい、起業したい」

と思っても、良い会社に就職していると思い切ったことができないという人もいます。

ですからできが悪い、才能がないと思われているような人の方がビジネスの成功率は高いと僕は思っています。最初がマイナススタートであれば、あとは上がる一方です。最初から何も持っていなければ、失うものはありません。

今はフリーターでも、才能がないからその分やらなきゃと思ってコツコツやる人は、一流企業に就職して満足している人をいつか必ず追い抜きます。

元々何でも上手くいく人は、努力したり、考えたり、改善したり、もっとやらなきゃという感情が芽生えないので結果的にずば抜けた結果を出せないことが多いのです。

才能は自分で作るものです。

どんなに不器用な人であっても、できないことができるようになるためにコツコツ努力することで、才能があると言われる人ぐらいに何でもできるようになります。

これからあなたが億万長者を目指すのであれば、自分で才能を作っていきましょう。

モチベーションのコントロール

よく、一つのビジネスで成功を収めた人は、もし全てを失ってゼロからスタートしても再び同じ結果を出せるといわれますが、それはなぜでしょうか。

それは土台の心がしっかりしているからです。

僕はビジネスの成功がピラミッドの頂点だとすれば、土台の一番下の部分はモチベーションだと思っています。

つまり、モチベーションのコントロールができない人は成功できないのです。

ではどのようにモチベーションをコントロールすれば良いのでしょうか？

「モチベーションが続かないです。やる気が出ないです」

このような相談を良く受けます。

確かに僕も学生時代同じようなことを言っていました。

「テスト前だから勉強しなきゃ」「点数が悪かったら嫌だ」

そう思っていましたがなぜかやる気がおきません。

当時はなぜやる気が出ないのか、モチベーションが上がらないのかわかりませんでした。

モチベーションが上がらない大きな原因は「本気度」です。

モチベーションが上がらないと言っている人は本気のようで実は本気ではないのです。

たとえばテストで100点取らなければ、家族が皆殺しにされるという状況だったらどうでしょう？
やる気が起きないと思う暇もなく必死に勉強すると思います。

僕がこのことに気がついたのは26歳の時でした。

その年に僕は起業と結婚をしました。結婚してお金がすごくかかりましたが、その時期はまだ仕事が軌道に乗っていませんでした。これまで本気でお金に苦しむという経験をしたことがありませんでしたが、明日稼がなければ生活できないという状況に初めて追い込まれました。

その時初めて「やる気が出ない」という気持ちがなくなったのです。これまで勉強も仕事も「やる気が出ないな」「明日でいいかな」と先延ばしにしていた僕が、何も考えることなくとにかく1日中仕事に打ち込むようになりました。結果的にその時から徐々に稼げるようになっていったのですが、その経験から僕は「やらなければまずい状態」を常に作りだすようにしています。

これが最強の「やる気が出ない状態を消す方法」だと思っています。

たとえば、朝あなたが気持ちよく眠っていたところに、いきなり電話がかかってきて、
「昨日の取引の契約を今からすぐに会社に行ってやってください」
と言われたらどう思いますか？　多くの方は、朝からうるさいな、明日でもいいんじゃないかと思う

でしょう。

でも「すぐに会社で手続きしないと昨日の契約が取り消しになります」と言われた場合はどうでしょう。一気に目が覚めて一刻も早く会社に行こう、と思うのではないでしょうか。

このように人は失うものに対して恐怖や不安を感じる生き物です。

これは損失回避性（プロスペクト理論）と言って「得をするか損をするかで価値の感じ方が異なる」という行動経済学の理論です。人間は何かを得ることよりも何かを失うことに対して恐怖を感じる生き物なのです。

このような人の心理をうまく利用すればよいのです。

つまりお金を稼いで「豪邸を建てよう」とか「高級車を買おう」という目的を持つよりも、「稼げなかったら今の生活ができなくなる」「ホームレスになる」など、やらなければ失う状態の方がモチベーションを高めやすいのです。

僕が今までビジネスに夢中に取り組んでこられたのは、稼がないと今の生活ができなくなるという「失う恐怖」があったからです。

お金を稼ぎたいけどいざビジネスに取り組もうとするとやる気が無くなったり、違うことに気持ちが行ったりしてしまう人は、稼がなければ今ある大事なものを失うかもしれないという状態に自分を追い込んでみてはいかがでしょうか。

第五章——このままでは幸せになれない

一生涯に必要な資金

あなたはサラリーマンの平均年収を知っていますか？

国税庁の調査によると、全国のサラリーマンの平均年収は４００万円程度となっています。年齢別で見てみると、20代前半で３００万円、20代後半で４００万円、30代前半で５００万円、30代後半で５９０万円、と年齢を重ねるごとに上昇していき、50代前半で７００万円程度の年収がピークとなります。その後は定年まで年収は下がる傾向にあります。

仮に40年間サラリーマンで年収４００万円の給料をもらったとして、総額1億６０００万円です。

ではあなたがこれから生きていく上でいくらのお金がかかるのかをご存知ですか？

実は1世帯あたり一生に必要な資金は約３億円（アセットマネジメントＯｎｅホームページより）と言われています。

つまり普通にサラリーマンをやっていれば、老後を含めてまともな生活をやっていくのは難しいことがこの時点でわかります。

さらにサラリーマンは給与から天引きされていますので気がついていないかもしれませんが、実は社会保険や税金も大きな出費になります。年収４００万円であれば社会保険料は年間62万円です。税金は所得税約９万円、住民税約19万円です（※配偶者や子供の有無で控除額は変更になります）。

つまり、年収400万円から90万円はなくなりますので手元に残るお金は310万円しかないということです。

これが40年間ですから、3600万円のマイナスですが先ほどのサラリーマンの生涯年収1億6000万円から3600万円を引くと1億2400万円しか使えるお金はないということになります。

これを考えるとサラリーマンでいる限り、ゆとりのある生活ができるとは思えません。

サラリーマンとして一生働いてもあなたの人生は幸せにならないことがわかるのではないでしょうか。

お金で大半の悩みは解決できる

このような話をすると、「世の中お金が全てではない」という声が聞こえてきそうです。

僕も世の中お金が全てだとは思いませんが、でもお金があることで大体の悩みは解決できると思っています。

あなたの今の悩みはなんですか？

お金の不安から逃れたい
周りを見返したい
値札を見ずになんでも買いたい
家族に贅沢な生活をさせてあげたい
遊びたい時に好きなように遊びたい
周りから尊敬される人になりたい
満員電車に乗りたくない
会社に行きたくない
上司にペコペコしたくない
自分がやりたいことだけをやって生きたい

これは昔僕が思っていたことです。

お金を稼いだことで全て解決することができました。


つまり大体の悩みはお金が絡んでいると僕は思っています。

確かにお金よりも大事なものはあります。

でもそれはお金を稼いだ人が言う言葉です。

まだお金を稼いでない人が「人生お金じゃない」というのはただの言い訳にしか過ぎません。

よくお金があってもそれを使う時間がなければ意味がないと言う人もいますが、お金があれば時間を増やすこともできます。お金がなければそれを稼ぐために仕事に時間を費やさないといけません。もしも口座にお金が山のようにあれば、仕事に行かずに毎日遊ぶこともできます。

もちろんお金が目的ではなく、働くことが好きで働きたい人は仕事に行くこともできます。

つまり、お金があれば選ぶことができるのです。

働くことも働かないことも選べることを自由と言います。

皆さんは何にも縛られることのない自由な生活を送りたいと思いませんか？

自由になるためには、お金を稼げるようにならなければいけません。

自由になるために、自分でお金を稼げるようになるまでは、お金にだけに執着してビジネスに取り組んでいきましょう。

近い将来多くの仕事はなくなる!?

最近では、コロナウイルスなどの影響によって会社を解雇された人も少なくありません。

これからもまたこのようなことが起きれば、今会社員として働いている人も、いつ自分の仕事がなくなるかわかりません。

そして、ＡＩ（人工知能）の発達により人手がいらなくなるという予測もされています。

ＡＩの研究を行っている米オックスフォード大学のマイケル・Ａ・オズボーン准教授が発表した論文では、コンピューターによる自動化が進むことにより、20年後の未来には47％の仕事がなくなるという結論が出されています。

約半分の仕事がなくなるということです。

これはあくまでも予測に過ぎませんが、コンピューター技術の発達により、人の代わりにＡＩがやってくれるようになる時代はそう遠くないと思われます。

そうなってからではもう手遅れです。

未来を予測し、早いうちから手を打っておきましょう。


倒産する会社を見ていると、倒産する会社の社長は、現状に満足してしまい、未来を予測しその未来に向けての準備をしていない人が多いように感じます。こういう人は、一時的に稼げていた時期があったとしても、のちに倒産してしまうのです。

世の中は常に進化しています。20年前と今は同じではありません。20年前はスマートフォンもなければ、SNSもありませんでした。でも今はインターネットがどんどん発達し、働き方から生活様式まで20年前とは大きく変わってきています。

常に世の中は進化していますので、自分も常に時代の変化に応じて対応していく意識が大事なのです。

これからはサラリーマンの仕事は確実に減っていきます。

もしあなたがサラリーマンをされているのであれば、今何をやらなければいけないのかを考えてみてください。

20年後約半分の仕事がなくなります。あくまで予測ではありますが、これは十分に起こりうることですので、今会社員として働いている人は自分事として捉えるべきです。

今一度自分自身の働き方について考え直しましょう。

会社ではなく個人で稼ぐ時代

将来今の子供たちの65％は、今は存在していない職業に就くと言われています。

今小学生がなりたい職業として人気のＹｏｕＴｕｂｅｒという職業ができたのは２００７年です。インターネットの普及で、ネットビジネスにより個人で大金を稼ぐ人が増えたのもこの頃からです。65％が今は存在しない仕事に就くということは、これからはどんどん新しい仕事が生まれるということで、これからは自分で仕事を作る時代だということです。


元々江戸時代の頃は個人で商売をするのが主流だったそうです。

しかしそこから産業革命が起こり、会社という組織ができて、会社が発展することで経済が良くなり、会社に勤めておいた方が良い時代もありました。

しかし今はインターネットの発達により再び個人で稼ぐ時代が来ているのです。

この時代の変化に気づき、早く動き出せるかどうかがこれからの人生を大きく変える鍵になると思っています。

今の時代は個人でも大企業に負けないぐらい稼ぐことが可能になっています。

そういう時代が今あなたの目の前に現れているのです。

今動かなければ手遅れに

ここまでの話で、「このままではまずい」「自分で稼げるスキルが身につけられたら良いな」と思われた人は多いかもしれません。

しかしそれでも「そうなんだ、勉強になった」で終わる人がほとんどです。

それでは手遅れになります。

あなたの一生涯に必要な資金は3億円です。今でもサラリーマンの生涯年収はこれに遠く及びませんが、経済状況が悪くなっている日本を見れば、今後人件費がどんどん削られることは予測できます。ボーナスカットや給料減給は当たり前でしょう。

そういう状況の中、これから結婚をして子供を持ち明るい家庭を築いていく夢を持っている人も多いと思います。

しかし、このままでは「こんなはずじゃなかった」と後悔することになります。

僕の周りで結婚をして幸せいっぱいだという人はあまり見たことがありません。

その理由は、「お金」です。

お小遣いは月に3万円、ランチと缶コーヒーで終わり。学生時代よりもお金がない、そんな我慢をして苦労をしているにもかかわらず、家に帰れば奥さんからは「お金がない、もっと稼げ、節約をしろ」

と言われ続けます。

　自分が欲しいものを手に入れるどころか、普通に生活をするということすらできないのです。たとえ最高のパートナーに恵まれたとしても、このままでは独身時代よりもはるかに厳しい家計のやりくりが待っているのです。

今ならまだ間に合う

少し怖い話をしましたが、何でこんな人生を歩んでしまったのだろう、もっと勉強をしておけばよかったと悲観的になる必要はありません。

何故なら、今からでも遅すぎるということはないからです。

よく「もう歳だから」とか、「今更遅い」という人が多いですが、今からでも間に合いますし、年齢も関係ありません。

カーネルサンダースがケンタッキーを創業したのは65歳でした。

何かを始める時に遅すぎるということはありません。

大事なことはあなたがこれからどう考えて、どう選択して、どう行動していくかです。

過去を引きずったところで人生を巻き戻すことはできませんし、未来を無理だと決めつけたところで何も始まりません。

そう言っている間にも時間は刻々と進んでいます。

今の行動があなたの未来を作ります。

やるか、すぐやるか

今の行動があなたの未来を作るとなると、あなたがこれから今より良い未来にしたいと思われるのであれば、今すぐ動き出す必要があります。

「チャンスの神様には前髪しかない」という有名な格言があります。

これは、神様が自分に近づいてきた時、すぐに掴めばチャンスを手にすることができますが、悩んでいる間に神様は去っていき、その時に手を伸ばしても神様には後ろ髪がなく掴むことができないという意味です。

チャンスはやってきた瞬間にすぐに掴まなければ手にすることはできないのです。

僕は成功できる人と成功できない人の違いは、チャンスが見えるか見えないかだと思っています。成功できない人は成功している人を見て「あの人は運がよかった」「チャンスに恵まれていた」と言いますが、成功できない人はチャンスを見ようとしていません。

あなたがお金を稼げるようになるチャンスは常にあなたの目の前にあるのです。

何かをやろうと思った時に「やるか、やらないか」ではなく、「やらない」という選択肢を消すことが重要です。悩んだら「やるか、すぐやるか」だと思いましょう。

そして、チャンスを逃さないためにはすぐにやることをおすすめします。

もちろん全て上手くいく保証なんてありませんが、失敗したらその失敗を元に反省し、改善すればどんどん成長します。

そういう意識を持って取り組むことで今まで以上にチャンスに巡り合えると思います。

あなたがやりたいことがあるのであればすぐに行動してチャンスを手にしてください。

後悔しない人生にするには

「もし、人生をやり直せるとしたら？」と問われたら、あなたは何と答えますか？

「学生時代勇気を出して告白をしておけばよかった」

こんな後悔はありませんか？

この「勇気を出して○○しておけばよかった」という後悔ですが、人が死ぬ間際に最も思う後悔なのだそうです。人間は、挑戦して失敗してしまったことよりも挑戦をせずに諦めてしまった方が後悔が大きいそうです。

あなたの過去を振り返ってみてください。思い当たることはありませんか？

好きな子に告白をして振られた経験がある人もいらっしゃると思います。

その時はショックだったかもしれませんが、今振り返れば後悔はないはずです。

逆に勇気がなくて告白できなかったことの方が後悔があるのではないでしょうか？


やりたいことに挑戦をして後悔のない人生を歩みたい――多くの人はそう思っていてもその挑戦ができません。

僕は、お金持ちになれる人とそうでない人の差は勇気を持って挑戦することができるかどうかだと思っています。

多くの人は能力の差だと思っていますが能力はほとんど関係ありません。

挑戦は非常に怖いことですが、どうなるか分からない未来をネガティブに考えるのは時間の無駄です。

才能がない、上手くいくはずがない、失敗したくない、怖い、恥ずかしい、などと考えて多くの人は挑戦を諦め、そして自分が思い描く人生を歩むことができずに後悔して死んでいきます。

本書を手にしているあなたは現状を変えたいと思っているのではないでしょうか？

そうであれば今動かなければ、死ぬ間際に、「○○しておけば、良かった」と後悔する日がやってきます。


「もし、人生をやり直せるとしたら」

今あなたが死に際だったとしたらこの問いになんと答えますか？

今だったらまだ間に合います。

あなたが本当にやりたいことをこれからやって、新しいことに挑戦して最高の人生を送りましょう。

第六章——中川流成功法則

バカにされるほどの夢を持つ

この章では、僕自身が成功するために重要だと思う要素をあなたに伝えたいと思います。

僕は今、独立5年目でようやくお金と時間の自由を手に入れることができました。

1日に働く時間は1時間程度で家から一歩も出ません。やることと言えば、LINEやメールの返信、たまにYouTubeの撮影をするぐらいです。それでも月に数千万円のお金が口座に入ってきます。

それは、そうなりたいと夢見て挑戦したからです。


ここで、あなたに質問です。

あなたに夢はありますか？

「そんな夢なんかないよ」という人も多いかもしれません。

でも思い出してみてください。子供の頃って、「サッカー選手になる」とか「歌手になる」とか大きな夢を持っていませんでしたか？　その夢はどこにいったのですか？

大人になるにつれ、現実を知ってそんなの無理だと勝手に思うようになり、そういう夢を語ることや持つことすら恥ずかしいと思うようになっていませんか？

本当は叶えたい夢があるのにほとんどの大人は「ない」と言います。

それは大人になって常識を知ったからです。

あなたがもしこれから成功したいと思われるのであれば非常識なことをやる必要があります。

常識的なことをやっていては常識どおりの結果しか出ないからです。


年収1000万円以上の人は2%しかいません。常識とは年収1000万円以上の2%の人ではなく、年収1000万円未満の98%の人たちを指します。

ということは、常識どおりのことをやれば年収1000万円未満の98%の人になるということです。

世の中のお金持ちになった人は、普通じゃないこと、要は非常識なことをやったから非常識な結果が出ているのです。


つまり、あなたが成功したければ非常識になるしかありません。

大人になって「サッカー選手になる」といえば笑われると思います。

「頭おかしくなったんじゃないか」と思われるかもしれません。

でもそれで良いのです。

子供の頃に持っていたあの大きい夢を持ってください。

それがあなたがこれから成功するために大切なことです。

あなたにも本当は夢があるかもしれません。

「おしゃれなＢＡＲを経営したい」とか、「世界一のスタイリストになりたい」とか。そういうことを言うとみんなに無理だと言われるかもしれませんが、成功するためには周りがやらないようなこと、つまり非常識なことをしなければいけません。

周りに笑われないような夢は常識の範囲だから笑われないのです。

笑われたり、バカにされるということは、周りが絶対にやらない非常識でそれだけ大きな夢だからこそ笑われます。

でもそれが重要なのです。

あなたがもし本気でビジネスで成功したいと思われるのであれば、まずは大きな夢を持つことが大事です。

大きく成功したいと思われているのであればあるほど大きな夢を持つ必要があります。

大きな夢を持って、それを達成するために必要なことをこなしていく訳ですから、まずは周りに笑われるほどの大きな夢を持ちましょう。

自分との約束を絶対に破らない

夢を持って絶対にそうなると決めたら、その自分と決めた約束を必ず守ってください。

約束と聞いて皆さんはどう思いますか？

約束って破ると良くないことですよね？

多分他人との約束事は皆さんしっかり守ると思います。

ですが、自分との約束はほとんどの人は破ってしまいます。


僕は、他人と決めた約束事も自分と決めた約束事も同じだと思っています。

一度決めたことは絶対にやり抜くことが大事です。

僕は昔から、自分との約束を第一優先にやってきました。


たとえば学生時代に毎日筋トレを1〜2時間していました。

毎週末、次週1週間の筋トレのスケジュールをカレンダーに入れます。

そしてカレンダーに入れたスケジュールは後からどんな予定が入っても最優先させていました。

大学生ですので、イレギュラーな予定はよく入ってきます。

「今日これから飲みに行かない？」

「明日合コンあるんだけどどう？」

「土曜日の夕方デートしよう」

などなど。

でも僕は全て断っていました。

何故なら、筋トレという約束がすでに入っているからです。

多くの人は、自分で決めた自分との約束は平気で破ります。

それが成功できない大きな原因だと僕は思っています。

他人に流され、自分で決めたこともできないような人は絶対に成功できません。


誰の人生ですか？

自分の人生です。

ならば自分で決めたことぐらいはしっかりと守りましょう。


自分を愛しもっと自分を大切にすることができればもっと素晴らしい人生になります。

これからあなたがビジネスを始めれば、自分以外全員が敵になります。


「そんなの無理だよ」「辞めた方がいいよ」「できるはずがない」そう言ってきます。

そんな時に自分の味方は自分しかいません。
だからこそ成功するためには自分を大事にする必要があります。
その大事な自分との約束は絶対に守るべきです。
自分との約束を破らない限り僕は必ず成功できると思っています。
やると決めたら死ぬまで貫き通すという気持ちを持っていきましょう。

わがままになる

こういう話をすると、「周りから自己中と思われるのではないか」と心配する人も多いのではないでしょうか。

僕は本当に多くの人は「真面目すぎる」と思います。

僕はわがままで真面目じゃなかったから成功できたと思っています。

だからもっとわがままになってください。

成功している人は、わがままだから成功しているのです。

たとえば、「早起きしたくない」とか、「朝から電車乗りたくないな」とか、「会社に行きたくない」とか、「今日は仕事の気分じゃないから休みたいな」とか。

これを聞いてあなたはどう思いますか?

とてもわがままだと思いませんか?

多くの人は真面目なのです。

社会に出たら眠くても朝起きて会社にいくのが当たり前、仕事の気分じゃなくても我慢して働くのが大人、そう思ってこれまで働いてきませんでしたか?

でもこれでは成功はできないと僕は思います。

何故なら、その嫌なことを回避するためにどうすれば良いのかを考えないからです。僕は常に考えていました。電車に乗りたくなかったですし、会社にも行きたくなかったですし、仕事も大っ嫌いでした。学生時代のアルバイトでは、いかにサボるかということしか考えていませんでした。アルバイトの中で最もサボるのと言えば中川と言われていたほどです。

でもだからこそ、会社に行かなくてもお金を稼げる方法はないのか、電車に乗らずにお金を稼ぐにはどうすればいいのかを必死に考えたのです。僕以外の成功を収めている経営者でも少なからずそういう思いはあったと思います。

だから会社を辞めて自分で起業をするというリスクがあることに踏み出せたのだと思います。つまり、わがままになるということも成功するために大事な要素だと僕は思っています。

僕は毎日汗水を流して働いているサラリーマンを見ると本当に「偉いなー、真面目だなー」と感心します。僕にはできないからです。

言い方を変えればそれに耐えきれなくて逃げた人間です。

でも逃げるということも時には大事です。

嫌なことに耐えることが正しい答えではありません。

多くの人は大学を卒業したら会社に勤めて、嫌なことがあってもその会社で働き続けなければいけないと思っています。

しかし、世の中にはいろいろな道があります。

会社を辞めても生きていけますし、周りが言う「ちゃんと会社に勤めて定年まで働きなさい」というのは、選択肢の一つに過ぎません。

僕自身二章でお話したとおり、就職した会社を3日で辞めました。それを知った親や周りの人は「どうやって生活をするの」「何を考えているの」と激怒しました。

でもそれで僕の人生は終わりましたか？

確かにその会社での会社員生活は辞めた時点で終わりました。でもそこから違う会社で勤めるという選択肢もできるし、自分で起業するという選択肢もできたのです。

ただ選択肢が増えただけです。

つまり、世の中の一般的なルートから外れたとしてもむしろあなたの人生の選択の幅が広がるだけで、決してダメなことではありません。

ですから、嫌だったら逃げればいいと思います。

今のあなたの生き方が全てではありません。

人生にはいろいろな生き方があるということを知っておいてください。

僕のようにこうして在宅でお金を稼ぐという生き方もあります。

そういう生き方をほとんどの人は知らないだけなのです。

一般的なルートから外れれば、選択肢が増えるだけです。

ですから、嫌なことがあれば辞めて違うことにチャレンジしてみれば良いと思いますし、もっとわがままな生き方をして良いと思います。

それが結果的に成功につながると僕は思っています。


あなたが本当にやりたいことはなんですか？

そしてやりたくないことはなんですか？

やりたくないことは今すぐ辞めてください。

それをやらなくても生きていく方法はあるからです。

その方法を必死に探しましょう。


そのわがままを貫くために考えて行動してきた人達が成功者だと僕は思っています。

学歴はいらない

僕がいろいろな成功者を見てきて思ったことがあります。

それは成功するために学歴は関係ないということです。

いわゆる勉強ができるできないはビジネスで成功する要素として一切関係ありません。

むしろあまり学歴がない人の方が成功しているイメージがあります。


それは何故だと思いますか？

学歴がある人は頭が良いからこそ、いろいろなことに頭が回って後々のリスクまでしっかりと考えます。その結果リスクを考えると辞めておいた方が無難だと判断し行動できません。

一方僕のような後先考えない頭が悪いタイプは、失敗した時のリスクにまで頭が回っていません。考えるのもめんどくさいですし、「とりあえずやってみるか」という感じで取り組みます。

行動しないとそもそも始まらないので、まずは最初の一歩を踏み出すことが成功するために一番大事なのです。この時点でひとまずやってみるかという僕のようなタイプの方が成功率は高い訳です。

実際に東大卒の起業家というのは多くありません。起業家を輩出している大学のトップ10位以内にも東大は入っていないのです。

僕は、頭の良さよりもちょっと馬鹿ぐらいの方がビジネスで成功できると思っています。成功するために最も大切なものは、とにかく何も考えずにまずやってみるというチャレンジ精神です。

これからあなたが成功しようと思われるのであれば、何も考えずにひとまず最初の一歩を踏み出せるようになりましょう。

そこが学歴よりも何百倍も成功のために重要な要素です。

資格はいらない

将来お金を稼ぎたいと思って必死に勉強して良い学校に行こうとしたり、資格を取ろうとする人がいます。でもそれを頑張ってもお金と時間の自由を手に入れることはできませんので僕はおすすめしません。たとえばお医者さんや弁護士になりたいなど、お金や自由が目的ではない人はもちろんその目的のために勉強して資格を取ればいいと思います。

資格があると給料が高くもらえたり、就職に有利になると考えるかもしれません。でも冷静に考えてください。それは自ら会社の支配下に入るという行為です。いくら勉強をして資格を取って良い就職先に入社することができたとしても結局は会社の奴隷になるだけです。毎日会社に縛られ、満足のいく給料も貰えない。これで本当に幸せだと言えるのでしょうか？

また、仮に資格を持っていたとしても、それ相応の評価をされることはありません。自分で起業しても同じです。資格をとるために勉強して身に付けた知識は、経営をしていく上ではほぼ生かされないと僕は思っています。実際に、資格を持っている医者や税理士、弁護士などでも、何一つ資格を持っていない僕より所得が低い人はたくさんいます。

つまり、資格を持つことと経営して成功することは全く別の話で、逆に言えば資格がなくても経営に必要な能力を勉強していけば、ビジネスで成功することはできるのです。

将来のことを考えてこれから勉強をして資格をとろうとしている人がいますが、これは遠回りで且つリターンが低い自己投資だと思います。

最短であなたが自由なお金と時間を手に入れたければ、資格の勉強をするのではなく、もっとすぐに結果を手にできるための自己投資をしましょう。今の時代、資格取得ではなくネットを使ったビジネスの勉強に投資をする方が圧倒的にリターンは大きいと思います。

怒らない

あなたは日頃生活をしていて怒ったり、何か上手くいかなかった時に人のせいにしたりしてしまうことはありますか?

怒ったり何か上手くいかなかった時に人のせいにする人は絶対に成功することができません。ですからもしあなたがこれから成功したいと思われているのであれば、何があっても怒ったり人のせいにすることはやってはいけません。

なぜ怒ったり人のせいにする人は成功できないのでしょうか。

まず、怒るということについてですが、ビジネスは基本的にお客様がいて成り立つものです。インターネットを使ったビジネスであっても人がいなければお金になりません。

ネット物販でもアフィリエイトでも購入してくれる人がいることで収益が発生します。ネットではなくリアルのビジネスであればダイレクトに人と接することになります。

飲食店であれば、お店に来てくれるお客様がいるから成り立ちますし、美容室でもジムでもコンビニでも、必ずお客様がいて成り立ちます。

ですから人間関係を良好に保つ能力はビジネスで必須になってきます。

もしもあなたが行っているお店のスタッフがいつも怒っていたら、そのお店にまた行こうと思いますか？　おそらく二度といかないと思います。

またお客様以外であってもビジネスをやっていけば取引相手とやりとりをすることもあるでしょう。その時に取引相手と良好な関係を築けなければ上手くいきません。

いつも怒っている人の周りからはどんどん人が離れていきます。

ビジネスは人がいて収益が発生している訳ですから、人が離れるということは、稼ぐことができないということです。


僕もこれまでビジネスをやってきて、リアルのビジネスでもネットのビジネスでも正直面倒くさいお客様はいました。しかしそれに対していちいちイライラして怒っていたらビジネスはできませんし、怒っても自分にとって何のメリットもありません。

怒れば、自分自身のモチベーションも低下しますし、先ほどお伝えしたように、怒る人の周りに人は集まらなくなりますので、収入をアップさせることもできません。


そして怒る人が成功できない理由は他にもあります。

それは感情的になることで改善すべき点が見えなくなることです。


よく自分の思い通りにならないと感情的になって怒る人がいます。

感情的になって怒ってもその問題は何も解決されません。大事なのは冷静に何が上手くいっていないのかを分析することです。冷静に分析をすることができれば、ダメな部分を改善するだけですので、そこを改善することで成長につながります。

怒るという行為は、自分の成長を妨げかつ人が離れていく行為です。

ですから、これからビジネスで成功したい人は怒るという行為は絶対に辞めるべきなのです。

また組織で働く場合も、仕事で部下に怒るという行為は避けるべきだと僕は思います。

「会社の売り上げを良くしていくには怒ることも重要だ」と言う人もいるかもしれません。ときには部下を叱らなければ「会社がまとまらない」「部下が言うことを聞かなくなる」そういう考えの人も多いでしょう。

しかし上司がこのような考えの会社は業績が上がりません。

毎日会社に出社したら上司が部下を怒鳴りつけている。怒鳴りつけられた本人の仕事に対するモチベーションはどうでしょうか？

「上司のために会社のために何がなんでも頑張らなきゃ」となると思いますか？

もちろん、上司に怒られないようには行動するかもしれませんが、心からこの人のために頑張ろうとはならないと思います。

毎日怒られたら仕事を好きになることもありませんし、モチベーションは下がる一方です。「好きこそものの上手なれ」という言葉がありますが、僕は好きになることが上達するために最も大事なことだと思っています。

仕事を好きになってもらうには「この仕事が楽しい」と思ってもらう必要がありますし、「この会社のために頑張りたい」と心から思ってもらえるようにしなければいけません。

僕が思う最強の会社は、社員全員一人一人が本心からこの会社の売り上げを上げたいと思っている会社です。

逆に言えば、社員全員が「仕事面倒臭いな」「会社に行きたくないな」「さっさと業務をこなして帰ろう」と思っている会社の売り上げは上がりません。

社員にこんなことを思わせるような会社の雰囲気を作っては絶対にダメです。


では社員全員が仕事を好きになり、会社のために頑張ろうと思わせるにはどうすれば良いのでしょうか？

それは、「怒る」のではなく「褒める」ことです。

もし、会社に出社すれば毎日自分を褒めてくれる会社ってどうでしょうか？

そんな会社って「行きたい！」ってなりませんか？　楽しいし、もっと頑張ったらもっと褒められるからもっと頑張ろう、となると思います。

人は怒られれば怒られるほどやる気を失い、褒められれば褒められるほどやる気が上がって上手くいくと僕は思っています。

褒められると伸びるというのは科学的にも証明されています。

これは「褒められるとスポーツの上達が速くなる」という研究で、48人の成人にある動作を覚えるように指示し、

「褒められるグループ」

「褒められている様子を見るだけのグループ」

「自身の成績を確認するのみのグループ」

の3つに分けてトレーニングをさせるという実験です。その結果、直接褒められたグループは他のグループよりもその動作を速く行うことができるようになりました。

僕自身、会社員の頃は毎日のように怒られていました。

褒められることはほとんどありませんでした。日々怒られれば怒られるほど、「俺ってダメだな」と自信をなくし、仕事に対するモチベーションもどんどん低下していきました。

毎日怒られるのでもちろん会社に行くのは嫌になります。会社に行くのが嫌なので、自然と、「仕事＝やりたくない」となっていき、会社に行くとできるだけさぼろう、上司に怒られないことだけをやろうと思うようになりました。そんな気持ちでは仕事が上達するわけもありませんし、会社にとっても何もプラスになっていません。

でも今は当時の自分が信じられないくらいに仕事をすることが楽しいのです。それは、怒られることもちろんありませんし、日々「すごいですね」「わかりやすいです」「ありがとうございます」と言われたり、そういう連絡をたくさんもらったりします。

それによってもっと頑張ろう、そう言ってくださる人のために「もっとわかりやすいようにしよう」「もっと感謝される情報を提供しよう」とモチベーションが上がり、収入アップに繋がっているのです。

仕事が嫌いで全くできなかった当時の僕も、仕事が大好きで月1000万円以上稼いでいる今の僕も同じ僕です。

本当は稼げる能力を持っていたとしても、日々怒られ続ければその能力を発揮することができませんし「あなたはすごい、素晴らしい」と褒められれば、それだけで今までにないすごい力を発揮できるのです。

もちろん部下がいれば注意すべきところもあるかもしれません。でも僕はどうしても注意しなければいけないことは、それを指摘する前にまず3回褒めて、その後1回指摘することを実践しています。逆に言えば3回褒めないと指摘することはできないという自分の中のルールです。

いきなり指摘されると相手は反発する感情の方が上回り、肝心な伝えたいところが頭に入りません。

褒めて褒めて、その後に「ここをこう改善できるともっと良くなるよ」と指摘します。同じ内容を伝えるとしても、どのように伝えるかでその人のやる気は大きく変わります。

絶対に怒ってはダメです。これからビジネスで大きく成功したい人は、どんな場面であっても怒らないということを実践してみてください。すると自然と収入も伸びますし、自分自身も毎日が楽しくなります。

人のせいにしない

そしてもう一つ、人のせいにすることも絶対にやってはいけません。

自分の思い通りにならない時、人のせいにする人は非常に多いと感じます。たとえばビジネスで上手くいかない時に「景気が悪いから稼げない」とか「このビジネスが稼げない」とか、「部下がうまくやらなかった」とか、ひたすら人のせいにする人がいます。こういう人は絶対に稼げるようにはなりません。

なぜならそういう人は稼げない原因が自分だと思っていないので改善をしようとしないからです。


結果が出ないのは100%自分の責任です。

自分が悪いから稼げないのであって周りの誰のせいでもありません。

今成功している人達も皆同じ条件でビジネスをスタートし今の結果を手にしています。

それは上手くいかない時も全て自分の責任だと捉え、何を改善すれば上手くいくのかを常に考え取り組んできた結果だと思います。

原因は自分の外にあるのではなく自分の中にあると考えることが重要です。

仮に自分以外のことが原因であったとしても、自分が変わることでその外的要因をカバーできるような人間にならなければビジネスで成功することはできません。

これまでを振り返って、もしも上手くいかなかった時に自分以外の誰かのせいにしていたと思う人がいたら今すぐにやめましょう。何か起きた時に全てを自分の責任として捉える自己責任マインドはあなたがこれからビジネスをやっていく上で非常に重要です。

結局は自分を変えられるのは自分以外いませんし、他人を変えることはできません。

そうであれば他人のせいにするのではなく、全ては自分に責任があり自分が変われば結果を変えることができると思ってビジネスに取り組むことが大切です。

他人のせいにすることは、成長できるチャンスを自らシャットアウトするということです。

自分の器が変わらなければ、どれだけ良い情報が入ってきても結果は変わりません。同じ形のコップに水を入れても砂を入れても泥を入れてもコップの形が変わらない限り、全て同じ形になります。入ってくるものがどれだけ変わっても結局はコップ自体が同じであれば、そのコップの形にしかならないということです。

周りが変わったとしても自分自身が変わらなければいつまで経っても変わることはありません。

あなたが思っていることがあなたを形成しています。

ですからあなたの捉え方次第で人生を良くも悪くもできます。

そう考えると、少しでも自分にプラスになる捉え方をした方がいいと思いませんか？

相手が悪い、と相手のせいにしても何もプラスを生みません。

他人のせいにするという行為は、マイナスでしかありません。

・人間関係を悪くする
・自分の成長を止める
・モチベーション低下

このような悪影響ばかりです。


またこれからあなたが自分でビジネスを行い、その後会社の社長になればどんなことがあっても全て社長の責任になります。

従業員がミスをしても社長、つまりあなたの責任になるのです。

逆にいえば、会社に勤めてさえいればどんなミスをしても最終的には会社が責任をとるのであなたの責任にはなりません。ですから、会社員はどうしても自己責任マインドが弱いのです。

でもこれではビジネスで成功することはできません。

会社員マインドを切り捨てて、経営者マインドに切り替えていきましょう。

どんなことがあっても全て自分で責任を取るという自己責任マインドを身につけることができれば、どんなことをやっても絶対に上手くいきます。

これからあなたがビジネスで成功したいと思っているのであれば、「怒らない、人のせいにしない」という意識を持って日常生活から取り組んでみてください。

身体のコンディションを整える

最後にビジネスで成功するために非常に重要なことをお伝えします。

これまでビジネスで成功するために重要な考え方を中心にお話ししてきました。

ただ実はこれだけでは不十分です。

なぜなら、もしもあなたが「よっしゃやるぞ」と思っていても、肝心の身体が疲れていたり、体調が悪ければ、集中してビジネスに取り組んだり、勉強をしたりすることができないからです。

ですから何より身体のコンディションを良い状態に常に整えておくというのは、どんな分野でも成功するためには必須だと僕は思います。

自分の資本である身体をケアして、良い身体の状態を常に作っておくことが大切です。日々の食生活や運動がビジネスの成果に大きな影響を与えるのです。

僕は元々パーソナルトレーナーをやっていましたので、数多くの食事指導や運動指導を行なってきました。

お客様は綺麗に痩せたいと入会される人がほとんどなのですが、最終的に痩せたことよりも、食生活が変わり、体が軽くなって疲れにくくなったとか、睡眠時間が短くても平気になったとか、そういう喜びの声の方が多かったのです。

確かに10キログラム痩せた人であれば、今まで10キログラムの重りを身体につけて歩いていたものがなくなるわけですから、同じように生活をしていても身体が楽になるのはいうまでもありません。

ですから日々の食事や運動で余計な脂肪をつけないようにすることも重要なのですが、それ以外にも日々の食生活や運動を意識するメリットはあります。

日々の食生活や運動は実は仕事の集中力や睡眠などにも影響します。

たとえば毎日好きなだけ糖質が多いお菓子やジャンクフードを食べていれば、食後の眠気や集中力低下の原因になります。

糖質を摂取すると体内でブドウ糖に分解され、血液中のブドウ糖が増えて血糖値が上昇します。血糖値が上昇すればこの時に血糖を下げるために膵臓からインスリンというホルモンが分泌されるのですが、これにより今度は反動で血糖値が急降下します。このとき低血糖状態になり、これが眠気や体のだるさの原因になります。

ビジネスに真剣に取り組みたいと思っていても、やっている最中に睡魔がおそってきたり、少し移動しただけで疲れてしまうような身体では仕事のやる気を阻害されてしまいます。

とある塾では生徒に糖質制限を導入したことで次のような成果が現れたそうです。

・居眠りがなくなり、集中力が高まって勉強がどんどん進むようになった
・偏差値が上がり、難関大学やトップ校に合格する子供たちが増えた
・アレルギー体質、アトピー性皮膚炎、冷え性といった体調不良が改善した

お菓子やジャンクフードばかりを食べ、糖質過多の食事をしていると血糖値の乱高下が生じて、集中力もやる気も低下しがちになるのです。糖質を押さえた食事を日常から心がけることで血糖値が安定し、集中力も高まるので勉強や仕事にも熱心に打ち込めるようになり、勉強やビジネスの成果も上がるのです。

それ以外にも日々の運動や食事によってビジネスに影響を与えるものがあります。ビジネスをやっていく上で心の状態というのは非常に重要な要素になります。いくら優秀な人であっても「私になんかできっこない」とか、上手くいかなかった時に「もう辞めたい」となるようなネガティブな心ではビジネスで成功することはできません。

そこで上手くいかない時や大変な時にも常に前向きに取り組んでいくことが重要なのですが、実はポジティブに物事を捉えるという感情には、人間のホルモンが大きく影響しているのです。

その中でも感情や神経の安定にもっとも深く関わっているものはセロトニンというホルモンです。セロトニンとは、別名幸せホルモンとも呼ばれています。神経を興奮させるノルアドレナリンや快楽を増

幅するドーパミンと並ぶ三大神経伝達物質の一つです。

人はストレスを感じた時にノルアドレナリンが分泌されるのですが、セロトニンはこのノルアドレナリンをコントロールしています。セロトニンの分泌が減ることで、ノルアドレナリンが増えすぎて、イライラしたり怒りやすくなったりします。すでに説明したように、ビジネスでは怒ることはNGです。怒って人間関係を悪化させていては成功することはできません。

またセロトニンには脳を活発に働かせる作用がありますので、これが不足すると、向上心の低下、仕事への意欲低下、うつ症状が起こることがあります。

ビジネスをやっていく上でモチベーションはとても重要な要素です。ネガティブな人は成功できません。なぜならビジネスをやっていく上で、ときには上手くいかないこともありますが、ネガティブな人は、そんなときに次のチャレンジができません。チャレンジできなければ新しいチャンスをつかむことができないのです。

つまり常に安定した精神状態でビジネスに取り組んでいくには、このセロトニンを増やすことが重要なのです。

セロトニンはそれだけではなく、睡眠や記憶力にも影響をしています。

人の睡眠に大きな影響を与えているのがメラトニンという神経ホルモンです。メラトニンには覚醒と睡眠を切り替えて自然な眠りを誘う作用があり「睡眠ホルモン」とも呼ばれています。そのメラトニンの原料になっているのが実はセロトニンなのです。

つまりセロトニンが減ることでメラトニンが減り、結果的に睡眠の質を落としてしまうのです。またセロトニンが減ることで記憶力も低下すると言われています。

そしてこのセロトニンは日々の食事や運動によって増やすことができます。

では具体的にどういう食事をしてどのような運動を日々やっていけば、セロトニンを増やすことができるのでしょうか?

セロトニンは脳内で生成されますが、材料となるものがアミノ酸のトリプトファンです。ですからトリプトファンがないとそもそもセロトニンの生成ができないのですが、実はトリプトファンは体内では作りだすことができません。

食事で摂取しなければ、セロトニンを生成することができないのです。

では、トリプトファンはどういった食材から摂取すればいいのでしょうか?

一般的にトリプトファンは魚類・肉類・卵・大豆製品・乳製品などに多く含まれますのでこういった食材を積極的に摂取していく必要があるのですが、合成に必要なビタミンB6も同時に摂取していくのがポイントです。

タイミングよく必要な栄養素だけを食事から取るのが難しい人はサプリメントなどをうまく使われる

ことをおすすめします。

僕はビタミンやミネラル、トリプトファンもサプリメントを活用して、毎日しっかりと取れるように心がけています。

次にセロトニンを増やす運動もご紹介していきます。

セロトニンはリズム運動をすることで増えやすくなるといわれています。リズム運動とは、ウォーキングやジョギング、スクワットなどの一定のリズムを重視した運動のことです。僕はジョギングは嫌いですが、筋トレやウォーキングは苦ではないのでこれらを日々行うようにしています。

ジョギングが好きな方はそれでも良いと思います。自分が続けられそうなものに取り組むことがおすすめです。

またリズム運動でセロトニンを効果的に増やすポイントがあります。

セロトニンは運動開始後5分ぐらいから体内での濃度が高まり、20〜30分でピークに達します。それ以上長い運動を続けるとセロトニンはどんどん減少しますので、1日20〜30分程度の運動で十分です。

また、太陽の日差しを浴びることでもセロトニンは活性化しますので、朝のウォーキングなどは効果的です。

在宅ビジネスを始めると、家にこもってパソコンを使ってコツコツやることになりますが、1日1回は外に出て太陽の日差しを浴びることも大切なのです。

このように、日頃から運動をする習慣、そして健康的な食事をするということも実はビジネスで成功するために大事な要素です。

体のコンディションはビジネスで成功するためにとても大切なのです。

僕は起業した時、絶対に成功すると決めて夜遅くまでビジネスに取り組んでいましたので、睡眠を4時間程度しかとってない頃もありました。

しかし僕の場合は元ボディメイクトレーナーということもあり、体のコンディションの整え方がわかっていましたので、少ない睡眠時間でも日々疲れることなく気持ちよくビジネスに取り組むことができました。それが今の結果につながっていると思っています。

ビジネスで成功するためにはノウハウはもちろんですが、それ以外に心の状態や身体の状態をしっかりと整えることが大切なのです。

あとがき

最後まで本書をご覧頂きましてありがとうございました。
いかがだったでしょうか？
本当にそんな上手くいくのか？
自分にもできるのか？

まだそのように思っている人も多いかもしれません。
僕も数年前までは会社員でした。
眠たい目をこすって会社に出社し、夜遅くまで働かされ、上司に怒られる毎日でした。
こんな嫌な日々を送っているにも関わらず、お金もありませんでした。
そんな毎日が嫌で起業しようと決断しました。

周りからは、「お前なんかが無理だよ」と笑われました。
でも、そこから月日が経って、今、あの時僕に無理だと言っていた人達が間違っていたと証明できたと思っています。

最初にもお話ししましたが、人生は選択、決断、行動の連続です。
あなたが億万長者になるためには、億万長者になると決断すること、そして選択をして行動を起こすことです。

僕は5年前億万長者になると決断しました。思い通りにいかない時もありましたし、借金を抱えていた時期もあります。これから結婚するというタイミングでしたので、周りからは白い目で見られていましたし、たくさん批判されました。
毎日悔しさでいっぱいでした。
それでもあきらめなかったのは、「決断」をしたからです。

その結果今の僕があります。

お金の不安から逃れたい
周りを見返したい
値札を見ずになんでも買いたい
家族に贅沢な生活をさせてあげたい
遊びたい時に好きなように遊びたい

周りから尊敬される人になりたい
満員電車に乗りたくない
会社に行きたくない
上司にペコペコしたくない
自分がやりたいことだけをやって生きたい

これは当時僕が思っていたことです。
今全て叶えることができました。

あなたがもし億万長者になりたいと言えば、周りに笑われるでしょう。
でもそれは僕も同じでした。
今の僕だけを見るとすごいと思ってくれる人も多いかもしれません。
でも、信じられないかもしれませんがスタートはあなたと同じです。

ですから僕が今全てを手に入れることができたように、あなたにも絶対にできます。
なぜならこの本をここまで読むほど億万長者になりたいと真剣に思っていますよね？
だったら絶対になれます。
あとは具体的な行動を起こすだけです。

人は思っているだけでは、それを手にすることはできません。

変えたいと思っていても何も変わらない人は、変わらない選択しかしていないのです。


いくら心の中で変わりたいと思っていても、行動しなければ変わるはずはないですし、行動してもその行動が小さければ、結果はほんの少ししか変わりません。

あなたがもしもこれから億万長者になりたいという大きな夢があるのであれば、それを叶えるための行動をしない限り、絶対に変わることはありません。

現状に悩みがあってその解決を待っていても、誰かが変えてくれることなどないのです。

自分を変えられるのは結局自分以外いない。

動かなければ、一生今のままです。

周りに頼っても変わることはできないですし、周りが言うことも聞く必要はありません。


自分の人生ですから、自分で決めて自分がやりたいようにやれば良いと思います。

あなたの人生の主役はあなたです。

ですからとことん人生の主役を演じ切ってください。


今、僕は全てを手にすることができました。

本当に幸せです。

あの時自分を信じて自分で「決断」してよかったと、心から思えます。


あなたは今の人生に決して満足していないはずです。

こんなものではないと、絶対に思っているはずです。

自分の未来に可能性を感じているはずです。


だとしたら、その未来を掴む自分を信じてあげてください。

人生は決断、選択、行動の連続です。本気で決断し、選択をして行動することができれば絶対に人生は変わります。

必ずあなたにもできます。

あなたの成功を心よりお祈りしています。

株式会社Ｋｅｅｐ Ｒｉｄ　代表取締役　中川恭輔

著者紹介

中川恭輔(なかがわ きょうすけ)

長崎市出身。大学卒業後パーソナルトレーニングジムに就職。
2015年11月勤めていたパーソナルトレーニングジムを退職し独立する。
その後、月1000万円稼ぐという目標を達成するために
インターネットビジネスを開始し、瞬く間に成功を収める。

現在は、自身の成功体験を元にコンサルティングやスクール運営などを行い、多くの脱サラ成功者を輩出している。

LINE

完全在宅1日1時間で年間1億円稼いだ！
僕の成功法則

2021年7月1日　第1刷発行

著　者　　中川恭輔
発行人　　森　恵子
装　丁　　沖　恵子
発行所　　株式会社めでぃあ森
（本　社）東京都千代田区九段南1－5－6
（編集室）東京都東久留米市中央町3－22－55
TEL 03-6869-3426　FAX 042-479-4975
印　刷　　シナノ書籍印刷

ISBN978-4-910233-05-5　C0036